I0032592

La mente entrelazada

El Caballero Verde,
los agujeros negros
y Quaternity

Wes Jamroz

Original title:
The Entangled Mind
The Green Knight, Black Holes, and Quaternity

© Translation: Carmen Liaño y Fernando Alvarez-Ude
Cover design: Nathalie T. Retivoff

Copyright © 2023 by Troubadour Publications.

All rights reserved.

No part of this work may be reproduced or transmitted in any form
or by any means, electronic or mechanical, including photocopying
and recording, or by any information storage or retrieval system with-
out the prior written permission of Troubadour Publications.

Montreal, QC, Canada

TroubadourPubs@aol.com
http://www.troubadourpublications

ISBN: 978-1-928060-19-2

La mente entrelazada

El Caballero Verde,
los agujeros negros
y Quaternity

Wes Jamroz

Troubadour Publications

Cada partícula de polvo es una copa
en la que se puede ver todo el mundo.

Gharib Nawaz

Una nueva ciencia

La física realiza experimentos que implican un elaborado trabajo de equipo y una tecnología altamente sofisticada, mientras que los místicos obtienen su conocimiento puramente por introspección, sin maquinaria, en la intimidad de la meditación.

Fritjof Capra

La ciencia actual está en crisis. Aunque los titulares nos bombardean diariamente anunciando «avances» en cosmología, mecánica cuántica y física de las partículas elementales, la rama más materialista de la ciencia, la física, se encuentra en un callejón sin salida.

Se cree que la física proporciona un modelo para entender el universo en el que vivimos. Su característica más atractiva es su poder de predicción. Si tenemos suficiente información de un sistema, podemos saber cómo evolucionará aplicando las leyes y teorías de la física. Igualmente a la inversa, si sabemos cómo es el sistema ahora, podemos revertir el proceso para averiguar cómo llegó a su estado actual. Ambos conceptos se conocen como determinismo, es decir, podemos predecir el futuro y leer el pasado. Es básicamente el núcleo fundacional de la física.

Sin embargo, el desarrollo de la mecánica cuántica, la parte de la física que se ocupa de las partículas elementales de la materia, ha supuesto un difícil reto para estas características básicas de la física. Las leyes descubiertas por la mecánica cuántica parecen indicar que hasta las formas más simples de materia manifiestan algunas formas de... consciencia. Y esto es un grave problema porque el término «consciencia» no está en el vocabulario de la física pura y dura. La situación general se complica aún más porque ninguna de las ciencias blandas ha definido satisfactoriamente el término «consciencia». Así pues, nos enfrentamos a un problema peculiar: por un lado, las ciencias duras tienen que asimilar la «consciencia» y, por otro, las ciencias blandas (filosofía, psicología, sociología, etcétera) tienen que proporcionar una definición más satisfactoria de lo que es realmente la «consciencia». Como podemos suponer, esta situación ha significado un gran desafío para toda la comunidad científica.

La literatura general al respecto presenta dos enfoques para comprender el universo aparentemente contradictorios: un método científico y uno perceptivo (que suele denominarse «místico»). Ha habido muchos intentos en el pasado de acercar los dos enfoques y los que tuvieron más éxito fueron los que intentaron explicar algunos descubrimientos científicos haciendo referencia a diversos textos místicos antiguos. Por ejemplo, el famoso *El Tao de la física*, de Fritjof Capra, exponía muchas similitudes entre las nociones fundamentales de las religiones orientales y la física moderna, lo que animó a muchos otros autores a seguir esa perspectiva en la que se comentan los nuevos descubrimientos científicos en el contexto de textos místicos. No obstante, el patrón general de tales comentarios ha sido el mismo: se rastreaban los nuevos hallazgos científicos en textos antiguos, explicando así algunas oscuras declaraciones de los escritos arcaicos. Pero era la ciencia la que dirigía y estimulaba estas discusiones.

El propósito de *La mente entrelazada* es mostrar que el enfoque perceptivo no debe limitarse a comentar los últimos descubrimientos, ya que puede proporcionar de hecho soluciones al actual *impasse* de la ciencia. Es decir, este libro señala un nuevo papel para el enfoque perceptivo: intenta demostrar que este puede servir de guía para que la ciencia avance. Al mismo tiempo, este libro ilustra cómo se ha ido preparando paulatinamente a la mente humana para esa transición mediante la poesía, las canciones, los cuentos y algunos juegos. *La mente entrelazada* describe cómo el llamado «misticismo» se va convirtiendo gradualmente en una ciencia nueva y cómo la ciencia determinista se está transformando progresivamente en una religión dogmática.

El elefante en la oscuridad

Únicamente puedes descubrir la verdad si estás dispuesto a poner toda tu mente y corazón en ello, no solo unos momentos sobrantes de tu tiempo.

Jiddu Krishnamurti

La «consciencia» sigue siendo un término desconcertante y controvertido, a pesar de los milenios de análisis, definiciones, explicaciones y debates tanto científicos como filosóficos. En su acepción más común, la consciencia se define como la percatación de la existencia interna y externa. A veces se considera sinónimo de la mente, o de un aspecto de ella. Para otros, el término se refiere a la cognición individual de pensamientos, recuerdos, sentimientos, sensaciones y entornos únicos. Con frecuencia se afirma que hay distintos tipos de consciencia: la de los humanos, la de los animales o, incluso, la del universo entero. Sin embargo, la única noción ampliamente aceptada de todo el tema es que... la consciencia existe.

Los científicos y filósofos han propuesto innumerables hipótesis acerca de qué es y cómo surge la consciencia. Por ejemplo, el *panpsiquismo* sostiene que todas las criaturas e incluso la materia inanimada poseen consciencia. A la inversa, los *materialistas* acérrimos insisten en que ni siquiera los humanos son conscientes. El *solipsismo* afirma que conocer algo fuera de la propia mente es incierto, el mundo exterior y las otras mentes no se pueden conocer y puede que no existan fuera de la mente. Hasta el momento, los científicos y éticos que estudian el tema aseveran que nadie ha creado consciencia en un laboratorio. Y, según una idea llamada *teoría de la información integrada*, la consciencia es producto de la densidad de las conexiones de redes neuronales en el cerebro. Cuantas más neuronas interactúen unas con otras, más alto será el nivel de consciencia denominado *fi* (φ); si *fi* es mayor que cero, se considera que el organismo es consciente.

La situación en conjunto se complica más por los prejuicios debidos a intereses concretos con respecto a la consciencia. En consecuencia, hay diferentes definiciones propuestas por psicólogos, lingüistas, antropólogos, filósofos, biólogos y sociólogos, lo que no ha contribuido de forma significativa a avanzar en la comprensión de la consciencia. Falta un modelo general que abarque todas esas diversas y fragmentadas formas de entenderla y las incluya en un único marco integral.

Las siguientes afirmaciones de algunos de los investigadores de la consciencia muestran la ausencia de un marco así:[1]

• Ludwig Wittgenstein, uno de los filósofos más influyentes del siglo XX, dijo que si un león pudiera hablar, no le entenderíamos. De este modo indicaba nuestra incapacidad de comunicarnos con otros tipos de consciencia.

• Christof Koch, un neurocientífico, dice que mientras no tengamos un medidor de consciencia, cualquier teoría sobre la consciencia permanecerá en el ámbito de la pura especulación. Por consiguiente, espera que algún día todos llevemos implantes cerebrales con wifi, para poder com-

---

1 *How do I Know I'm Not the Only Conscious Being in the Universe?* (¿Cómo sé que no soy el único ser consciente del universo?) John Horgan, Scientific American, Special Collector's Edition, Invierno 2022, pág. 32.

binar nuestras mentes mediante una especie de telepatía tecnológica.

- Por otro lado, el filósofo Colin McGinn sugiere resolver el problema mediante una técnica llamada «corte y empalme de cerebros». Así se podría «medir» nuestra consciencia transfiriendo pedazos del cerebro de una persona a otra. Con esta «técnica», la otra persona serviría como medidor de nuestra consciencia.

- Steven Laureys, un neurólogo, cree que es fútil intentar identificar la consciencia en un cerebro mantenido en un laboratorio. Considera que esos experimentos de laboratorio son inútiles, mientras no comprendamos lo que es la consciencia.

- Otro filósofo, Philip Goff, propone una creencia completamente distinta. Sugiere que la consciencia puede provenir de un programador extraterrestre, o quizás que permea nuestro universo, no solo nuestro cerebro, sino todas las cosas.

Para completar el panorama general, veamos lo que Roger Penrose tiene que decir al respecto. Es uno de los físicos más influyentes de nuestra época; en 2020 recibió el premio Nobel de física por su trabajo sobre los agujeros negros. Estas son algunas de sus reflexiones sobre la consciencia:[2]

- Dado nuestro conocimiento actual, no creo que sea acertado intentar proponer una definición precisa de la consciencia, pero podemos contar, en buena medida, con nuestras impresiones subjetivas y nuestro sentido común intuitivo acerca de lo que significa el término y cuando es probable que la propiedad de la consciencia esté presente.

---

2 *The Emperor's New Mind*, (La nueva mente del emperador) Roger Penrose, Oxford University Press, Nueva York, 1989, p. 406.

- Yo sé, más o menos, cuando soy consciente. /.../

- Para ser consciente, parece que tengo que ser consciente de algo, quizá una sensación de dolor, o calor, o una escena colorida, o un sonido musical; o quizá soy consciente de sentimientos tales como el desconcierto, la desesperación o la felicidad; o puede que sea consciente del recuerdo de una experiencia pasada, o de entender lo que alguien está diciendo, o una nueva idea mía, o puedo tener conscientemente la intención de hablar, o llevar a cabo cualquier otra acción, como levantarme de mi asiento.

- Puedo estar dormido y todavía ser consciente en alguna medida, si estoy soñando con algo; o quizá cuando empiezo a despertarme influyo conscientemente en algún sueño; o tal vez, cuando me estoy despertando, influyo conscientemente en la dirección de ese sueño.

- Estoy dispuesto a creer que la consciencia es una cuestión de grado y no simplemente algo que está o no está.

- Considero la palabra «consciencia» esencialmente como un sinónimo de «darse cuenta» o «cognición», mientras que «mente» y «alma» tienen otras connotaciones, mucho menos claramente definibles en este momento. /.../

- Para asimilar la «consciencia» tal como está tendríamos bastantes problemas, ¡por lo que espero que el lector me perdonará si no entro en los problemas de «mente» y «alma»!

- Dudo que un gusano o un insecto, y desde luego una roca, tengan algo de esta cualidad, pero los mamíferos, en general, sí me dan la impresión de tener una percepción genuina. Debemos inferir al menos, dada la falta de consenso, que no hay un criterio generalmente aceptado sobre la manifestación de la consciencia.

Aunque está expresada en lenguaje coloquial, la meditación de Penrose ilustra adecuadamente cómo entienden generalmente la consciencia los representantes destacados del actual mundo académico. Es más, resulta obvio que falta un marco en el que se pueda definir la «consciencia». Todo lo cual indica que los enfoques empleados hasta ahora se basan en perspectivas fragmentadas que son insuficientes para dar una definición satisfactoria de la consciencia. Se necesita un importante ajuste conceptual para afrontar este reto de un modo eficaz.

Mientras no se comprenda la «consciencia» y su *modus operandi* general, los científicos estarán encerrados en un cuarto oscuro con el proverbial elefante cuya forma se desconoce.

El estado de la física actualmente

Si pensabas que la ciencia tenía certeza, bueno, pues estás equivocado.

Richard P. Feynman

La física de hoy afronta retos en distintos frentes, relacionados con la naturaleza del *Big Bang*, las partículas elementales, la materia oscura, los agujeros negros y algunos aspectos misteriosos de la mecánica cuántica. Resulta interesante que estos retos se reducen al mismo problema que este libro intenta identificar y resolver. Pero hagamos antes un resumen breve de ellos.

El Big Bang

Hasta el siglo XX los científicos suponían que el universo era eternamente estático e inmutable. Luego, en 1915, Einstein desarrolló la teoría general de la relatividad, que describe cómo actúa la gravedad en el tejido del espaciotiempo. A Einstein le desconcertó descubrir que el cosmos tenía que o bien expandirse, o bien contraerse. Para mantener un universo estático, tuvo que introducir cambios en su modelo añadiendo un factor que denominó «constante cosmológica». Esto era puramente un ajuste «cosmético», ya que no había pruebas que lo justificaran; se introdujo solo para acomodarse a la *creencia* en un universo estático.

Unos años más tarde los astrónomos Georges Lemaître y Edwin Hubble realizaron el sorprendente descubrimiento de que las galaxias se alejaban velozmente las unas de las otras. Las observaciones confirmaron que el universo no era en absoluto estático: se estaba expandiendo. Ello significa que, en algún punto del pasado remoto, debió haber un momento en el que el universo estaba más comprimido, lo que condujo al concepto del *Big Bang*.

Según la ciencia actual, el universo físico se creó como resultado del *Big Bang*. Esta idea se basa en la teoría que predice que toda la materia puede comprimirse en una región de un volumen infinitamente pequeño, una especie de punto unidimensional. Cualquier teoría matemática fracasa en esa fase porque ningún objeto puede definirse en esa condición que los físicos llaman singularidad. Por tanto, no se puede aplicar ningún modelo matemático a objetos o sucesos anteriores al *Big Bang*. En lo que concierne a la ciencia, antes del *Big Bang* había... nada.

Esa forma de entender el universo resulta difícil de tragar para quienes sienten intuitivamente que, en esa noción, falta algo. Desgraciadamente, no hay suficiente terminología y comprensión conceptual para proporcionar una plataforma común que permitiera a los físicos, y a los que no lo son, tomar parte en un debate constructivo y significativo. Por tanto, los poetas y artistas lo encaran en sus propios términos. Por ejemplo, un poema de Marie Howe, una poeta americana contemporánea,[3] refleja bien el resentimiento ante el estrictamente racional y contraintuitivo concepto del *Big Bang*. El poema titulado *Singularidad* se inspiró en la descripción del *Big Bang* que hizo Stephen Hawking.

---

3 https://www.youtube.com/watch?v=on7UECZq_nA (18 de noviembre de 2020).

¿Alguna vez quieres despertarte en la singularidad
que una vez fuimos?
Tan compacta que nadie
necesitaba una cama, o comida, o dinero;
nadie escondiéndose en los lavabos del colegio
o solo en casa
abriendo el cajón
donde se guardan las pastillas.
Pues *cada átomo que me pertenece*
prácticamente te pertenece a ti. ¿Te acuerdas?
No había *Naturaleza*. Ni
ellos. Ninguna investigación
para determinar si la elefanta
está de duelo por su cría o si
el arrecife de coral siente dolor. Los océanos
destrozados no hablan inglés, o farsi o francés;
ojalá nos despertáramos a lo que éramos,
cuando *éramos* océano, y antes de eso
cuando la tierra era el cielo, y el animal era energía,
y la roca era líquida
y las estrellas eran espacio y el espacio no era
en absoluto – nada
antes de que llegáramos a creer que los humanos
eran tan importantes,
antes de esta horrible soledad.
¿Pueden recordarlo las moléculas?
¿Lo que una vez fue? ¿Antes de que pasara algo?
¿Pueden recordar nuestras moléculas?
Ningún Yo, ningún Nosotros. Ningún fue,
Ningún verbo, ningún nombre todavía
solo un pequeño, pequeño, pequeño punto
rebosante de
es es es es es
Todo todas las cosas hogar

«¿Pueden recordarlo las moléculas?». La poeta hace una pregunta adecuada. En los siguientes capítulos intentaremos encontrar la respuesta.

Los efectos cuánticos

Para los físicos clásicos el mundo era fundamentalmente racional. Las cosas debían tener sentido, ser cuantificables y expresables mediante una cadena lógica de interacciones de causa y efecto, desde lo que experimentamos en nuestra vida cotidiana hasta las profundidades de la realidad. Sin embargo, según la mecánica cuántica, no tenemos ningún derecho a esperar semejante orden o racionalidad. En su nivel más profundo la materia no necesita cumplir nuestras expectativas de un determinismo obediente. La mecánica cuántica dividió al mundo en dos reinos: el conocido mundo clásico y el desconocido mundo cuántico.

La idea fundamental de la mecánica cuántica es el concepto de estado. Cada partícula tiene básicamente forma de onda, en consecuencia, el estado de la partícula queda completamente descrito por la llamada ecuación de onda. De acuerdo con la mecánica cuántica, solo se puede calcular la *probabilidad* relativa de que una partícula esté en un lugar determinado en un momento dado. La localización definitiva solo puede obtenerse haciendo una medición. Cuando se realiza una medición cuántica, el estado probabilístico de la partícula se transforma en un hecho. Esta transformación se llama «colapso» de la función de onda. No obstante, el «colapso» perturba a la partícula y de ese modo altera su estado. Una vez que se ha establecido experimentalmente su posición, la partícula ya no se hallará en el estado indicado por la ecuación de onda. Lo que significa que siempre habrá una discrepancia entre los cálculos teóricos y el estado medido de las partículas. Dicha discrepancia se conoce como «el problema de la medición cuántic*a*». Es un problema sin resolver porque es imposible observar directamente cómo se colapsa la función de onda; el propio proceso del colapso sigue siendo un misterio. Así pues, se concluyó que el resultado del experimento ya no era absoluto; de alguna manera, dependía del experimentador porque es quien «crea» el resultado del experimento. Siguiendo su *creencia* determinista, los físicos supusieron que la medición no solo afecta a las partículas cuánticas, sino que debe ser aplicable a todos los objetos físicos. Tal suposición dio lugar a una serie de paradojas ridículas, como el famoso gato de Schrödinger, que está supuestamente muerto y vivo a la vez. O la caja de pólvora de Einstein que, simultáneamente, «no ha explotado todavía» y «ya ha explotado».

Por otra parte, la mecánica cuántica indica que cuanto mayor es la precisión de la medida del estado de la partícula, mayor es la perturbación causada en la partícula por la medición. Este llamado «principio de incertidumbre» prohíbe a cualquier proceso de medición extraer toda la información sobre una partícula. Este principio es una ley fundamental de la mecánica cuántica. Así pues, además de la probabilidad, la mecánica cuántica introduce un elemento de *incertidumbre*. Si estas propiedades son aplicables a todas las formas de materia, no se puede medir con precisión el estado presente del universo, ni es posible predecir eventos futuros. El descubrimiento de la mecánica cuántica señaló el fin de un universo completamente determinista.

Pero aún hay más complicaciones. Se descubrió que las leyes que gobiernan el mundo cuántico indicaban que alguna forma de percepción podía estar implicada en el comportamiento de objetos tan escurridizos como los fotones y los electrones. Por ejemplo, el efecto conocido como entrelazamiento cuántico demuestra que dos partículas pueden hacerse conscientes la una de la otra. Las partículas entrelazadas parecen conocer los estados de sus compañeras. El entrelazamiento cuántico básicamente permite que dos partículas se comporten como una sola, independientemente de la distancia que las separe. En consecuencia, las mediciones efectuadas en una partícula parecen influir instantáneamente en la otra con la que está entrelazada. Einstein se refirió a esto como una «espeluznante acción a distancia». Lo espeluznante del efecto se debe al hecho de que no hay ningún vínculo físico entre las partículas entrelazadas.

¿Cómo es posible? ¿Cómo pueden las partículas estar vinculadas sin un vínculo? Lo averiguaremos.

Las partículas elementales

Según la mecánica cuántica, los componentes fundamentales de la naturaleza son unas espeluznantes ondas de formas diversas que se extienden por todo el espacio; estas sustancias se llaman campos. Se puede considerar que un campo físico tiene energía en cada punto del espacio y del tiempo. En determinadas circunstancias, las ondas se manifiestan como partículas; por ejemplo, las ondas del campo electromagnético dan lugar a partículas llamadas fotones. De modo que los fotones son unos derivados del campo electromagnético.

El mismo proceso tiene lugar en todas las partículas elementales que conocemos, las cuales, como los fotones y los electrones poseen valores conocidos para sus propiedades, tales como la energía, el momento o el espín. Suele considerarse que son partículas de un solo punto de tamaño cero. Sin embargo, no se define su masa, porque si una partícula tiene cero tamaño y algo de masa, eso implicaría una densidad infinita. Lo que significa que las partículas elementales no son objetos sólidos en sentido físico. Por eso no tiene sentido preguntar qué tamaño tiene un fotón. A su vez, esto implica que las partículas son formas de diversos campos; cada una de ellas es una minúscula onda de un campo cuántico subyacente. Así pues, según la física moderna, el espacio está lleno de una colección de campos. Pero son campos cuánticos, por tanto, sus estados son inherentemente probabilísticos e inciertos. En consecuencia, es imposible que, por ejemplo, haya un punto con exactamente cero energía en un campo cuántico, porque eso violaría el principio de incertidumbre. De manera que, aunque un campo cuántico permanezca en su estado de mínima energía, seguirá teniendo algo de energía. Este estado de mínima energía corresponde a lo que se conoce como vacío cuántico, a veces denominado «nada». Pero un vacío cuántico no significa que no haya nada: contiene campos y partículas fugaces que aparecen y desaparecen en su interior. De acuerdo con la mecánica cuántica, esas constantes fluctuaciones de energía pueden espontáneamente crear masa, no solo por arte de magia, sino de... la nada. El profesor David Tong de la Universidad de Cambridge admite: «Es difícil. Décadas después de elaborar la teoría cuántica de campos, seguimos estando muy lejos de entender las sutilezas que contiene».[4]

Entonces, ¿es posible crear algo de la nada?

Todo este juego de palabras con «vacío» y «nada» es para evitar decir lo obvio: los físicos no saben cómo se crea la materia. Como veremos en los siguientes capítulos, se necesita otra cosa para resolver este problema.

La materia oscura

La comprensión actual del cosmos está un poco revuelta. Los cosmólogos entienden cómo se forman las estrellas, cómo se queman y cómo mueren; pero tienen un problema: a

---

4 "What is Quantum Field Theory?" (Qué es la teoría cuántica de campos?) David Tong (https://www.damtp.cam.ac.uk/user/tong/whatisqft.html).

pesar de los recientes avances de la astrofísica y la astronomía, todavía no entienden exactamente cómo pueden existir las galaxias. El proceso general es aparentemente simple. Las galaxias son conjuntos de estrellas que se mantienen unidas por la gravedad. Igual que nuestro sistema solar, las estrellas siguen sus trayectorias predeterminadas. Dependiendo de la velocidad a la que viajen, las estrellas requieren diferentes fuerzas de gravedad para mantenerse en sus órbitas; las estrellas que se mueven más deprisa requieren una fuerza mayor. No obstante, las mediciones de las velocidades orbitales indican que las estrellas se están moviendo tan deprisa... que las galaxias deberían haberse descompuesto. Parece que no hay suficiente gravedad para explicar la dinámica galáctica.

La explicación aceptada de este interrogante observacional es la existencia de otra sustancia desconocida que compensaría la gravedad que falta. Esta hipotética sustancia se llama «materia oscura»; se califica de «oscura» porque no emite ni luz, ni ninguna forma de radiación conocida. Igual que la «nada», ninguno de los instrumentos que usan los astrónomos puede verla. Pero se necesita la materia oscura para estabilizar los cúmulos de galaxias. No obstante, un análisis más detallado de ese concepto concluyó que no bastaba con que hubiera materia oscura. A finales de los años 90 del siglo pasado, el telescopio Hubble descubrió que la expansión del universo se estaba acelerando. Para explicar la creciente aceleración, se propuso que la responsable de separar las galaxias con mayor fuerza de la que ejercía la gravedad para unirlas, era una desconocida forma de «energía oscura». Para justificar la velocidad con la que se expande el universo, se añadió la energía oscura. La cantidad de sustancias oscuras necesarias para explicar la dinámica del cosmos es sorprendente e, incluso, impactante:

según los cálculos, la materia oscura constituye el 26,8% del universo; la energía oscura, el 68,3%.

Toda la materia visible (denominada «átomos» en el siguiente diagrama) que incluye los planetas, las estrellas, las galaxias, etcétera, constituye solo el 4,9% de lo que se necesita para explicar la dinámica del cosmos. Lo que significa que el 95% de lo que compone el universo ¡no se conoce todavía!

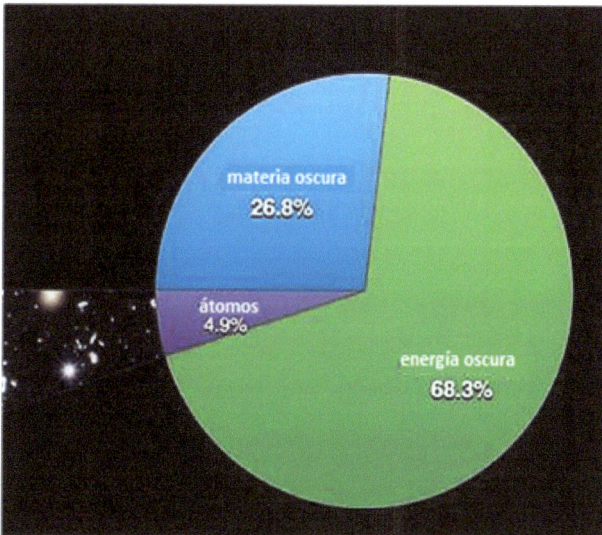

Materia oscura y energía oscura[5]

Aunque la materia oscura es una parte central del modelo cosmológico estándar, está muy lejos de ser entendida. Sigue habiendo misterios persistentes sobre esta sustancia; y no hay la menor evidencia experimental de ella. Por lo que respecta a la materia oscura, los físicos se enfrentan a otro enigma que aún espera una solución.

Así pues, ¿qué es esta misteriosa «materia oscura»?; de nuevo, hace falta algo más para asimilarla.

5 https://physics.stackexchange.com/questions/479098/how-do-they-know-the-numbers-of-the-energy-pie-chart-of-the-universe

Los agujeros negros

Apenas hay alguien que no haya oído hablar del concepto de los agujeros negros. Siempre han sido un tema fascinante para comentar y sobre el que preguntarse. Para los cosmólogos, los agujeros negros son unos monstruos con una gravedad tan potente que consume estrellas, destroza galaxias y aprisiona hasta la luz. En el centro de un agujero negro la materia se encoge hasta tener infinita densidad y las leyes conocidas de la física se quiebran. En el borde de un agujero negro el tiempo parece detenerse. El concepto de agujero negro no es tan reciente como se pueda pensar. Ya se consideró en época de Newton, que es cuando por primera vez se debatió sobre la posibilidad de que la gravedad capturara la luz. Sin embargo, su popularidad aumentó entre los científicos cuando se descubrió que los agujeros negros eran una consecuencia de la teoría de la relatividad general de Einstein. Según dicha teoría, la fuerza gravitacional de una masa comprimida podría ser tan grande que nada podría escapar de sus inmediaciones. En 1916, Karl Schwarzschild conceptualizó plenamente esta idea por primera vez. Descubrió que cuando una masa es fija y su radio disminuye gradualmente, la densidad de la materia llega a un punto determinado en el cual la luz ya no puede escapar de ella. El radio en este punto se llama «radio de Schwarzschild» y la superficie correspondiente de la materia comprimida se conoce como «horizonte de sucesos»: es una frontera sin retorno: si la cruzas, no regresarás. La idea fue una fuente de inspiración para muchos escritores de ciencia ficción.

Al principio, los científicos no creían que tales condiciones pudieran ocurrir naturalmente en el universo. Fue en la década de 1960 cuando Stephen Hawking y Roger Penrose demostraron teóricamente la existencia de los agujeros negros.

En ese momento se determinó que cuando una estrella es lo suficientemente grande, se colapsa formando un agujero negro. Después, el concepto general se fue complicando. En 1974 Hawking mostró que los agujeros negros no eran verdaderamente negros y tampoco eternos. Con el tiempo, un agujero negro iría teniendo fugas de energía y partículas elementales y, en consecuencia, se reduciría, su temperatura se incrementaría y acabaría explotando. En ese proceso, la masa que había caído en él se devolvería al universo exterior como un chisporroteo de partículas y radiación. En otras palabras, el proceso es una manifestación de la resurrección cósmica de la materia.

Hoy en día los científicos especulan sobre las propiedades de la materia resucitada. Se preguntan si hay algún vínculo entre las partículas que terminaron dentro del agujero negro y las que se han reinyectado al espacio tiempo, lo que condujo a un posterior desarrollo de todo el concepto. Se ha sugerido recientemente que un agujero negro no escupe partículas al azar. La radiación empezaría aleatoriamente, pero, con el tiempo, las partículas emitidas estarían cada vez más correlacionadas con las que habían salido antes. Esta sugerencia asume que las partículas recién emitidas ya estarían entrelazadas con sus compañeras dentro del agujero negro.

Lo que lleva a una pregunta mucho más fundamental, que es importante para nuestro debate: ¿cuál sería el motivo de la resurrección de la materia si las partículas «tragadas» y las «escupidas» estuviesen interrelacionadas? O, por formularlo de una manera más ilustrativa, ¿por qué un gato escupido por un agujero negro iba a ser el mismo que el que cayó en él?

También encontraremos la respuesta a esta pregunta.

***

La mecánica cuántica ha llevado a los científicos hasta una puerta que conduce a una nueva rama de investigación científica que llamaremos ciencia perceptiva, es decir, una investigación más allá del enfoque determinista. No obstante, abrir esta puerta y traspasarla requerirá que los científicos den «un salto cuántico conceptual» sobre las limitaciones que impone el determinismo clásico. La *creencia* de los científicos en la naturaleza absolutamente determinista del mundo fue muy útil para ellos durante siglos. Pero los físicos de hoy deberán abandonar su clásico y simple determinismo para superar el obstáculo que ellos mismos han descubierto. Tendrán que aceptar que la «consciencia» es el parámetro fundamental sin el cual es imposible superar el presente *impasse* en el que la física se ha estancado durante los últimos cien años.

Probablemente no sea tan sorprendente que estos dos temas, consciencia y ciencia, sean dos aspectos del mismo, pero mucho más amplio, marco, dentro del cual la comprensión de la consciencia puede ayudar a entender la mecánica cuántica. A la vez, la mecánica cuántica puede ayudar a aclarar todo el campo de la consciencia.

Quiero ganar su favor

Las palabras pertenecen al lenguaje de la ciencia.
Los símbolos, a los verbos de la mística.

Abu Bakr al-Shibli

Es interesante que el concepto general de la mecánica cuántica y la consciencia, así como la salida del actual *impasse,* hayan sido revelados gradualmente en una serie de canciones, poemas y cuentos sin aparente relación. Aunque el objetivo principal de esos recursos literarios era guiar a la humanidad a lo largo de su camino evolutivo, sus impactos secundarios y terciarios han influido en el desarrollo de la ciencia.

Esta clase de «impacto» en la sociedad es uno de los conceptos más difíciles de captar. Puede que transcurran varios siglos antes de que se reconozca su efecto en el desarrollo de las sociedades. Como siempre, en su primera aparición, el impacto está diseñado a medida y limitado a una región y momento específicos. Puede que aquí resulte interesante volver atrás varios cientos de años en la historia de la sociedad occidental y buscar pistas sobre impactos que influyeron en el desarrollo de la física moderna.

Por lo que se refiere a la sociedad occidental, todo empezó en la Provenza del siglo XI Fueron los trovadores quienes sacaron a la luz los primeros esbozos del concepto general acerca de la existencia de estados cuánticos. Sí, es cierto. Puede decirse que la primera vez que se mostró el concepto de campo cuántico fue en las canciones de amor de los trovadores. Los trovadores parecieron salir de la nada y cuando aparecieron en Provenza en el siglo XII, su forma estaba plenamente desarrollada. En su forma manifiesta, las canciones de los trovadores parecían venerar a la mujer. Era la amante ideal del poeta a la cual este adoraba a distancia sin esperanza alguna de obtener su favor. Sin embargo, en esos poemas de amor, entre líneas había una poco disimulada indicación de la existencia de otro dominio, al que se podía acceder, según las canciones. La *dama* era el medio que conducía al entrelazamiento de la mente humana con ese dominio.

Es relevante tener en cuenta otro aspecto de estos poemas con carga espiritual; la aparición de los trovadores señaló el principio de una nueva civilización: Europa occidental. De un modo similar, los poemas homéricos señalaron el principio de la Grecia histórica; parece, por tanto, que este tipo de impactos no afectan solo a una persona o aun grupo de gente. Llevan una carga significativa que influye en toda la historia humana.

$$***$$

Históricamente, el primer trovador occidental fue Guillermo de Poitiers (1071 - 1127), duque de Aquitania y Gascuña. He aquí una de las canciones de Guillermo que puede servir de muestra de la poesía amorosa de los trovadores. Se titula «Jubilosamente, empiezo a amar» (*Molt jauzions mi prenc en amar*).[6] La versión que aquí se muestra es una traducción levemente editada de esa canción:

_____

6 https://lyricstranslate.com/en/molt-jauzions-mi-prenc-en-amar-very-happily-i-begin-love.html

Jubilosamente me he enamorado,
amor que traerá mucho gozo.
Puesto que deseo la felicidad,
debo aspirar a lo mejor,
y sé que amo a la más pura,
la más elevada de todo el mundo.

No debería presumir de ello,
ni oso vanagloriarme;
pero si mi gozo llegara a florecer
sería esa que se alza
sobre todas las demás
como el sol reina en los cielos.

Nadie podría describirlo,
pues ni anhelo, deseo,
pensamiento o imaginación
podrían abarcar tal gozo,
y mil años no bastan
para alabarlo adecuadamente.

Cualquier otro gozo debe doblegarse
y toda realeza ha de obedecer a mi dama
debido a su sabiduría
y a su belleza,
pues quien consiga su amor
logrará la inmortalidad.

Su amor puede sanar al enfermo
convierte al avaro en generoso,
al ignorante en sabio,
al feo en apuesto,
al rufián en cortesano,
y al lúgubre en alegre.

Puesto que nadie puede encontrar a esa dama
ningún ojo puede verla, ninguna lengua describirla:
sin embargo, quiero ganar su favor
para llevar alegría a mi corazón
y renovar mi alma
para que se libere de su aspereza.

Si mi Dama me concede su amor
estoy preparado para recibir y corresponder:
puedo ser discreto o grandilocuente
para hacer y decir lo que a ella le plazca;
para respetarla
y alabarla.

Intentaré hablar con ella,
aunque temo ofenderla;
pues tengo miedo de fracasar
en mi declaración de amor;
pero sé que ella hará lo mejor para mí
porque a través de ella me salvaré.

Como podemos ver, esta canción no trata del amor sensual o romántico; indica la existencia de algo que las palabras no pueden describir. Algo que el hombre anhela, y que le atrae, sin ser capaz de definir lo que es en realidad. Es una especie de sensación fugaz que experimenta ocasionalmente. Unos quinientos años más tarde, Berowne, un personaje de la obra de Shakespeare *Trabajos de amor perdidos*, presenta la misma idea.

De los ojos de las mujeres derivo esta doctrina
pues todavía brillan con el auténtico fuego de Prometeo:
son los libros, las artes, las academias
que muestran, contienen y nutren a todo el mundo:
sin ellos nadie puede destacar en nada.

(*Trabajos de amor perdidos*, IV, 3)

Podría decirse que el hombre, en su estado ordinario, está separado de un estado superior del ser. Sin embargo, en esos fugaces momentos, se da cuenta. Estas sensaciones son los primeros indicadores de la posibilidad de alcanzar ese estado. Los poetas suelen comparar al hombre ordinario con un durmiente que está «dormido» con respecto a ese estado elevado. La experiencia de este tipo de despertar («apertura de la puerta») viene indicada en el siguiente pasaje de un poema de Jalaluddin Rumi, un poeta persa del siglo XIII:[7]

Alguien llegó a la puerta del Amado y llamó.
Una voz preguntó: —¿Quién está ahí?
Él respondió: —Soy yo.
La voz dijo: —No hay sitio para Mí y para Ti.
La puerta se cerró.
Tras un año de soledad y privaciones, regresó y llamó.
Una voz del interior preguntó: —¿Quién está ahí?
El hombre dijo: —Eres Tú.
La puerta se abrió para él.

En el lenguaje de la poesía de los trovadores, un «durmiente» así se presenta como un amante separado de su amada. En este contexto, la «separación» es un término técnico, equivalente a «no estar enlazado» con un estado de ser más completo. Es decir, la *dama* de los trovadores simboliza un elemento dinámico que permite al estado ordinario del hombre entrelazarse con un nivel superior del ser. La *dama* simboliza el medio para realizar tal entrelazamiento; proporciona un puente que permite cruzar desde el mundo físico ordinario al otro, al invisible. Por eso nunca se describe la forma física de la *dama*. En su lugar, el propósito principal de esas canciones de amor era el efecto que ella producía en sus amantes.

7 *The Sufis*, Idries Shah, The Octagon Press, Londres, 1989, pág. 317.

Aplicando la fórmula «como es arriba, es abajo» podemos reconocer que el proceso de entrelazar al hombre con su estado más elevado se refleja en las leyes de la mecánica cuántica. Por supuesto, el proceso descubierto por los físicos es una forma muy simplificada de lo que es aplicable a la mente humana. En el lenguaje de la mecánica cuántica el término «estado elevado» se corresponde con un estado en el que las formas simples de la materia, como los fotones y los electrones, parecen capaces de obtener cierto grado de percepción. Como veremos, hicieron falta 900 años para entender la relación entre estas dos formas de entrelazamiento.

La fórmula original de los trovadores no duró mucho; enseguida se modificó y se presentó con un formato nuevo, que se conoció como «amor cortesano». En esta versión modificada la *dama* de los trovadores se sustituyó por... una persona física. Naturalmente, esa sustitución obliteró su función dinámica. Todo el concepto se esterilizó y se convirtió gradualmente en una fórmula moral o dogmática. En el contexto del «amor cortés» medieval, la dama –como símbolo– se sustituyó por una mujer de alto estatus, generalmente la rica y poderosa señora del castillo. El amante intentaba hacerse digno de ella actuando de forma valiente y honorable; llevaba a cabo cualquier acción que ella deseara o se sometía a una serie de ordalías para demostrar su amor y compromiso.

La arquitecta principal de esa modificación fue Leonor, nieta de Guillermo, que era duquesa de Aquitania. Más tarde se convirtió en reina de Francia y, debido a su segundo matrimonio con Enrique, duque de Normandía, también llegó a ser reina de Inglaterra. Cuando Leonor se retiró a Poitiers dedicó todos sus recursos a promover el desarrollo del amor cortés. Poitiers se transformó en la academia de las artes corteses a la que acudía la nobleza de todas partes para instruirse. Varios futuros reyes y reinas y muchos futuros duques y duquesas se educaron en el campus de Leonor y al regresar a sus hogares usaron la corte de Leonor como modelo para las suyas. De este modo el concepto de amor cortés se difundió desde su forma local hasta convertirse en paneuropeo.[8]

Pero la modificación del tema original no se detuvo ahí. Su posterior deterioro afectó a la literatura que llegó a conocerse como el corpus del rey Arturo. El autor del material artúrico fue el poeta francés Chrétien de Troyes (1160-1191). Chrétien era cortesano en Poitiers y un protegido de la hija de Leonor, María. Consecuentemente, en los relatos del rey Arturo, la dama se modificó aún más: se transformó en la obediente reina de Arturo. Como Arturo era un héroe-rey, los admiradores potenciales de la dama tenían que compaginar su lealtad al rey y su deseo por la dama. Lo cual condujo a la formación del famoso *ménage à trois* en el que el amante ama a una mujer casada, mientras que su marido no parece considerar que el pretendiente sea su enemigo y ni siquiera un rival.

Tras la muerte de Chrétien, otros poetas siguieron con el tema y, en este punto, se produjo un nuevo deterioro del mismo: comenzó un proceso de cristianización. Ahora la dama de los trovadores se presentaba como la Virgen María. Gradualmente, el concepto general se transformó en mariolatría, la adoración de la Virgen María. Con esa sustitución, el impulso original quedó totalmente anulado. Claramente era el momento de renovar todo el proceso.

A finales del siglo XIV apareció una señal de dicha renovación. Esta vez bajo la forma de un romance caballeresco escrito por un autor anónimo.

---

8 Puede encontrarse una descripción más detallada del papel y actividades del amor cortés en *The People of the Secret*, de Ernest Scott (The Octagon Press, Londres, 1983, capítulo *Love Courts, Troubadours and Round Tables*).

El Caballero Verde

La gente puede morir de mera imaginación.

Geoffrey Chaucer

Como hemos visto, la poesía amorosa de los trovadores se transfirió a un medio nuevo: la leyenda del rey Arturo. Como siempre, esa transferencia llevó a la corrupción gradual del concepto original. Llegó un punto en el que la corrupción era tal que apenas se reconocía la idea inicial. En ese momento se escribió *Sir Gawain y el Caballero Verde*, poema caballeresco anónimo. Nada se sabe de su autor. Se cree que el manuscrito se escribió alrededor del año 1400, lo que indicaría que el autor era contemporáneo de Chaucer y sus *Cuentos de Canterbury*.

Se considera que *Sir Gawain y el Caballero Verde* es una de las grandes obras de la literatura medieval inglesa, la forma empleada desde finales del siglo XII hasta los años 1470. El manuscrito no se redescubrió hasta 1839, en la biblioteca de Henry Savile, de Bank, en Yorkshire, quien vivió en época de Shakespeare, es decir, a finales del siglo XVI y principios del XVII.

Parece que el propósito del poema era indicar, o incluso caricaturizar levemente, un concepto promocionado en la literatura artúrica en esa época. El poeta anónimo usó el personaje de sir Gawain para demostrar que el concepto general de la Tabla Redonda y el amor cortés se había convertido en irrelevante, e incluso ridículo. Así se abrió una puerta para introducir una forma actualizada de «entrelazamiento».

El personaje del Caballero Verde proviene de la figura legendaria de Khidr, el Verde, que suele equiparase a san Jorge. Se considera que Khidr es el misterioso guía que instruye a la humanidad mediante aquellos capaces de contactar con él. Viaja por el mundo con una variedad de aspectos por medios desconocidos. Pero solo unos pocos afortunados saben lo que está haciendo realmente. Un relato de sus acciones se describe en el Corán (sura XVIII) en la historia de Khidr y Moisés. Esta es una de las versiones:[9]

> Moisés viajaba por el desierto cuando divisó a un hombre a quien reconoció como Khidr, el Verde. Moisés le preguntó si podía acompañarle en su viaje. Khidr respondió que podía, con la condición de que, hiciera lo que hiciese Khidr, no preguntara nada al respecto.
>
> Hecho el pacto, ambos caminaron hasta llegar a un ancho río que no podían cruzar sin la ayuda de una barca. Había una que pertenecía a un viejo barquero y que era su único medio de ganarse la vida. Khidr acordó llevársela y amarrarla a salvo en la otra orilla.
>
> No obstante, en cuanto ambos cruzaron el río, Khidr hizo un agujero en el fondo de la barca y la hundió a medias, a plena vista del barquero el cual, comprensiblemente, lloraba y se lamentaba.
>
> Aunque Moisés tenía la suficiente percepción —negada a la mayoría de la gente— como para reconocer a Khidr, Moisés fue incapaz de entender

9 *Journey with a Sufi Master*, H.B.M. Dervish, The Octagon Press, Londres, 1987, pág. 55.

cómo un ser espiritual podía pagar un bien con un mal de este modo. Y así lo dijo. Pero Khidr recordó a Moisés que había prometido no hacer preguntas. No pasó nada de importancia durante un tiempo hasta que llegaron a una aldea donde pidieron un vaso de agua como limosna. Nadie quiso darles ni una gota; de hecho, los lugareños les insultaron y gritaron diciendo que debían marcharse inmediatamente, pues allí los forasteros no eran bienvenidos. Anduvieron hasta las afueras del lugar y, de repente, Khidr se detuvo junto a la pared desmoronada de una cabaña de barro. Pidiendo a Moisés que le ayudara, recogió arcilla y reparó la pared.

—Oh, venerable —dijo Moisés—, sé que se debe hacer el bien a los enemigos, pero sin duda no había que llegar hasta este extremo. Quizá hubiera bastado con abstenerse de reprocharles.

Khidr simplemente recordó a Moisés su compromiso de no preguntar.

Cuando los dos viajeros llegaron a otro pueblo, vieron a unos niños jugando en el campo. Khidr se acercó sigilosamente a uno de ellos, un niño pequeño, y lo agarró de tal modo que el niño murió.

Para Moisés, esto fue la gota que colmó el vaso.

—Noble y santo Khidr —dijo—, he oído que hay un Gran Diseño, y que el mal ocurre para que exista el bien; pero no puedo soportar ver cómo ocurre esto, pues experimentar algo no es lo mismo que pensar sobre ello. Para mí, lo que estás haciendo es anormal y prohibido. Debo separarme de ti a no ser que puedas explicarlo.

—Ciertamente te diré lo que he estado haciendo, a pesar de nuestro pacto —dijo Khidr—. Pero una vez que te lo haya contado, debes dejarme inmediatamente, pues has demostrado que no puedes soportar las experiencias que son las de los emisarios del Mundo Oculto.

—En cualquier caso —dijo Moisés—, tendré que abandonarte; porque toda mi educación era para dedicarme a ser una persona mejor que un delincuente, un asesino, alguien que devuelve mal por bien, y clama contra todo lo que has hecho.

—Escucha entonces, Moisés, pues eres un buen hombre —dijo el Santo—, que lo que ocurre siempre tiene un sentido, y que una parte del Gran Diseño no está completa sin las otras partes.

Yo estoy trabajando de acuerdo con un Plan que tú no ves. Yo mismo sólo tengo una parte del plan en mi mente, pues solo Dios conoce el plan completo. Pero igual que tú posees más conocimiento que una persona totalmente ignorante, yo también tengo un conocimiento mayor que el tuyo, el cual me lleva a hacer unas cosas y a no hacer otras; y estos actos te parecen incomprensibles igual que tú puedes resultar desconcertante para los completamente ignorantes.

Sé, por ejemplo, que se acerca un rey tirano que confiscará todos los barcos para transportar a su ejército. Si la barca que he estropeado hubiera estado en buenas condiciones, se la habrían llevado y nunca la habrían devuelto al barquero. A su avanzada edad, hubiera muerto de hambre. Ahora los confiscadores pensarán que la barca es inservible y la dejarán donde está. Después llegará un carpintero que reparará la barca y se la devolverá al anciano.

—Y la pared, devolver bien por mal, ¿era solo un gesto, algo para enseñarme o para adquirir mérito? —preguntó Moisés que ahora estaba un poco avergonzado.

—La gente de aquella aldea era, como imaginarás, malvada, codiciosa y cruel. En esa pared hay una olla llena de oro que dejó el padre de unos huérfanos para ellos. La pared se estaba desmoronando prematuramente: los hijos no son lo bastante mayores para tomar posesión ni siquiera de su cabaña en ruinas, mucho menos de proteger su oro, su patrimonio. Hemos reparado la pared para que resista hasta el momento exacto en que los niños sean capaces de reclamar su herencia y mantenerla.

Moisés estaba impresionado y empezó a sentir que había algo supremamente importante en la misión de Khidr. Pero entonces la visión del asesinato a sangre fría de un niño pequeño pasó ante sus ojos. Seguro que no había justificación posible para un acto así.

—El niño murió —dijo el Santo— igual que mueren personas de todas las edades a diario debido a enfermedades, accidentes y asesinatos; en este caso fue porque el niño estaba destinado, si hubiera vivido, a convertirse en uno de los mayores malhechores que jamás haya existido. Hubieran muerto millones de personas, igualmente amadas, a causa de los inimaginables horrores sanguinarios que iba a perpetrar.

Moisés cayó de rodillas y exclamó: —¡Santo, permíteme que te acompañe! ¡Permíteme reparar el daño que he causado con mi ignorancia y estupidez!

Pero Khidr no lo aceptó y Moisés permaneció encarcelado en su propia y limitada porción del Gran Diseño. La mayoría piensa que los místicos son personas que siguen el camino de su propia salvación, como en la conocida tradición cristiana, o son maestros de discípulos, como en la tradición india. Pero los verdaderos místicos, además de esos elementos, hacen gran hincapié en un papel mundano y cósmico. Se cree generalmente que están implicados en el misterioso pasado, presente y futuro del progreso humano en este planeta.

Retornemos, pues, a *Sir Gawain y el Caballero Verde* y observemos más detenidamente como abordó el tema artúrico el anónimo escritor de finales del siglo XIV.

***

El poema empieza con una celebración de Nochevieja en la corte del rey Arturo, en Camelot.

De acuerdo con la costumbre de la corte, la reina Ginebra preside las festividades. Gawain, sobrino de Arturo, se sienta junto a ella. Cuando está a punto de servirse la cena, el rey Arturo insiste en divertirse y anuncia que no comerá hasta que escuche una historia conmovedora o alguien le rete a un duelo de justa.

En ese instante, entra en la sala un misterioso jinete. El desconocido es formidable e imponente: él y su caballo son completamente verdes. En una mano lleva una rama verde de paz y en la otra una enorme hacha de oro. No lleva más armas, ni casco o escudo. Sin saludar ni presentarse, el hombre verde exige saber quién es el señor de la reunión. —Pues me complacería hablarle —añade. Mira a los cortesanos y mueve los ojos arriba y abajo intentando encontrar al más renombrado. Un silencio absoluto llena la asamblea de atónitos caballeros y damas. Todos se preguntan qué significa todo aquello y esperan a que responda el rey Arturo.

El Caballero Verde[10]

El rey Arturo saluda al desconocido y dice:
—¡Bienvenido seas a esta morada! Yo soy el señor de la casa. Me llamo Arturo y te ruego

10 https://villains.fandom.com/wiki/Green_Knight

amablemente que nos digas lo que deseas para que podamos saber cuál es tu propósito al venir aquí.
—Mi deseo es no quedarme aquí mucho tiempo —responde el desconocido. Y continúa—: Tu castillo y tus caballeros son famosos por ser los mejores, los más valientes y honorables de todo el mundo. Por tanto, quiero ofrecer un juego para probar el verdadero valor de tu asamblea.

Arturo piensa que el hombre verde está buscando alguna especie de desafío con sus caballeros: —Señor, si buscas lid, aquí lo encontrarás—. Pero el hombre verde aclara que no desea combatir. —Tus caballeros no son más que niños imberbes; ninguno de estos hombres es rival para mí, son demasiado frágiles. Solo deseo un pasatiempo, un juego de Navidad—. Explica que está buscando un valeroso caballero que se atreva a aceptar un intercambio de golpes. —Si alguno de tu asamblea es lo bastante fiero, le daré mi hacha para que me golpee, a cambio de que yo le devuelva el golpe dentro de un año y un día.

La sala queda en completo silencio. Todos están conmocionados por las extrañas condiciones del juego del hombre verde. Cuando ninguno se atreve a moverse, el hombre verde exclama: —¡Cómo! ¿Es esta la casa de Arturo, cuyo valor sin par se relata en el mundo entero? ¿Dónde están vuestro orgullo, valentía y fiereza?— y el hombre verde ríe a carcajadas.

Las palabras del hombre verde enfadan a Arturo. —Lo que pides es un desvarío —dice—. ¡Y puesto que buscas locura, mereces encontrarla!

Así que dame tu hacha y yo te daré la recompensa que pides.

Arturo se adelanta, agarra el hacha y está dispuesto a golpear al desconocido. El hombre verde permanece impertérrito, no se altera más que si le hubieran ofrecido una copa de vino. Desmonta del caballo, se baja la capa y expone su cuello para el golpe de Arturo. En ese momento se adelanta Gawain y se dirige a Arturo: —¡Ruego que este combate sea mío!—. Arturo acepta la petición de Gawain diciendo: —Ten cuidado, primo. Dale un buen hachazo para que aprenda la lección. Estoy seguro de que podrás soportar cualquier golpe que él te devuelva después.

El hombre verde se halla visiblemente complacido con el rumbo de los acontecimientos. Dice: —Sir Gawain, me agrada que seas tú el que me haga el favor que pido.

En este punto podemos darnos cuenta de que Gawain era el objetivo del desafío del hombre verde. Gawain comprende que la impulsividad de Arturo le ha llevado a esta arriesgada situación y, por tanto, el propósito de Gawain es rescatar a su pariente, su rey y adalid de la Tabla Redonda. Los actos de Gawain demuestran que es el más noble y valiente miembro de la corte.

Gawain se acerca al hombre verde. El desconocido pregunta si puede fiarse de que Gawain respetará las normas del juego. Gawain confirma que: —En esta hora, dentro de un año, será tu turno de devolverme el golpe con el arma de tu elección.

El otro exige que Gawain le asegure que le buscará. Gawain pregunta: —¿Dónde puedo encontrarte? No sé dónde vives ni conozco tu nombre o tu castillo—. El hombre verde le dice que se lo contará después de recibir el hachazo de Gawain. —Ahora —dice— toma el hacha y golpéame.

Gawain aferra el hacha, la levanta y rápidamente la deja caer sobre el cuello del desconocido, cuya cabeza cae al suelo y rueda por la sala mientras los caballeros la apartan con sus pies. Pero, para sorpresa de todos, el cuerpo decapitado recoge la cabeza y anda con ella hacia el caballo. Lo monta mientras lleva la cabeza en su mano sujetada por el pelo. Luego vuelve la cabeza hacia la aterrorizada asamblea. La cabeza levanta los párpados y les mira. Después empieza a hablar: —Prepárate, Gawain, para ir a buscarme como has prometido. Se me conoce como el Caballero de la Capilla Verde. Irás a la Capilla Verde, que muchos conocen. Me encontrarás esperándote y dispuesto a devolverte el golpe. Si no lo haces, merecerás que se te llame cobarde.

Dicho lo cual, el Caballero Verde cabalga hasta el exterior de la sala con su cabeza en la mano.

Arturo y Gawain deciden colgar el hacha sobre el estrado principal. Entonces el rey Arturo se dirige a la reina: —Querida dama, ¡no te aflijas! Tan ingenioso juego es adecuado para la Navidad, un interludio, igual que los cantos y danzas de los caballeros y damas. Pero ahora, mi cena, pues se me ha concedido la maravilla que quería—. Y así, toda la asamblea vuelve al banquete y continúa con las festividades.

Un año más tarde Gawain se prepara para su viaje. Ya es momento de partir en busca del Caballero Verde y la Capilla Verde. Y sabe que el único resultado probable de su viaje será su muerte. Prepara su equipo con meticulosidad.

El autor del poema detalla con precisión el equipo de Gawain, en especial su escudo. Hay tres estrofas enteras dedicadas a describir el escudo; resulta evidente que su diseño es un elemento importante de la narrativa. En su descripción, el poeta introduce cambios significativos a los emblemas heráldicos usados en los romances artúricos. Estas variaciones y lo desproporcionado de su extensión y enumeración recalcan todavía más la intención general del poeta. Así pues, fijémonos en el escudo de Gawain.

En lugar de los habituales emblemas de grifones, leones o águilas, el motivo principal del escudo de Gawain es... un pentáculo, la estrella de Salomón:

> El escudo de sir Gawain lleva inscrito un pentáculo de oro. Es un signo de Salomón y la representación de la Verdad. Se trata de una figura que tiene cinco puntos unidos por cinco líneas, cada una de las cuales solapa y está unida a otra y, en cualquier sentido, no tiene fin. Los ingleses, según oigo por doquier, lo llaman el Nudo Interminable.

Era la primera vez que aparecía el término «pentáculo» en la literatura inglesa. La función original de la estrella de cinco puntas o pentagrama era usarse como símbolo del entrelazamiento de la mente humana ordinaria con estados de percepción más elevados.

Según una tradición, el rey Salomón (siglo X a.c.) introdujo un conjunto de símbolos para transmitir conocimiento sobre estados elevados de percepción humana. Como muchos de los símbolos empleados en la transmisión de conocimiento, la Estrella de Salomón no es estática; está en perpetuo movimiento. Por eso suele llamarse «nudo interminable». Es interminable porque se replica geométricamente, es decir, cada pentáculo tiene un pentágono más pequeño en el que se puede incluir otro pentagrama (ver la siguiente figura). Este proceso se puede repetir sin fin con pentáculos de tamaños descendentes. Las estrellas incrustadas son una representación de los diversos niveles dentro de la estructura general de la mente humana. El rasgo importante de esta representación es que todos los niveles están vinculados o entrelazados. Cada nivel viene determinado por cinco características (puntos). Este diseño en gradiente ilustra la estructura general de la mente humana.

Una estrella de cinco puntas aplicada a la mente humana:

- Estrella externa: los sentidos físicos.
- Primera estrella interna: las facultades sutiles.
- Segunda estrella interna: el mundo de las plantillas.
- Tercera estrella interna: el mundo de las ideas.
- Punto interior: el Absoluto.

En el contexto del desarrollo de los niveles elevados de la mente humana, la estrella mayor corresponde a los cinco sentidos, que definen el nivel de percepción de un hombre ordinario. La segunda estrella representa las facultades sutiles de la mente que, en una persona ordinaria, permanecen en su estado latente. En concreto, esta estrella significa una plantilla con cinco puntos específicos en, o alrededor de, el cuerpo humano. Cuando esta plantilla se fija correctamente en la mente, y uno se concentra en ella, los puntos proporcionan un ambiente que permite a la mente resonar con niveles superiores de percepción. Mientras se hallan en resonancia, las facultades latentes se entrelazan con esos niveles superiores y, en consecuencia, pueden ser activadas. Una de las señales iniciales de la activación de estas facultades es la experiencia fugaz de un estado más elevado de consciencia, que los trovadores describían como la *dama* inalcanzable. La *dama* no se puede alcanzar porque inicialmente este estado es transitorio, aún no es permanente.

Las siguientes estrellas del pentáculo corresponden a niveles superiores de percepción que pertenecen al mundo de las plantillas o modelos, al mundo de las ideas y al Absoluto.

Hay muchas otras descripciones de semejante estructura en la mente humana. Por ejemplo, Shakespeare utilizó la historia bíblica de Jacob y Labán para ilustrar el entrelazamiento entre los varios niveles de la mente humana. Shylock cita el relato en *El mercader de Venecia*. En él, Jacob, inspirado por un ángel, usa ramas parcialmente peladas que ponía ante las ovejas gestantes, a consecuencia de lo cual parieron corderos de varios colores. De acuerdo con el contrato con Labán, todos los corderos de este tipo eran propiedad de Jacob. El ángel, Jacob, las ovejas preñadas y los corderos representan los diversos niveles de la mente humana. Las ramas peladas representan la plantilla proyectada desde el Absoluto, que contiene el patrón de una estructura de la mente más avanzada y pasa a través de todos los estratos de la mente. Jacob encarna al hombre divinamente inspirado cuyo papel es hacer llegar este patrón a los hombres corrientes, para que pueda entrelazarse con la mente ordinaria. El nacimiento de corderos de varios colores señala la activación de nuevas facultades de percepción.

Regresemos a sir Gawain y la descripción de su escudo. Es evidente que el autor del poema conocía el sentido original del pentáculo, pero, para demostrarlo, lo presentó como una caricatura de las creencias religiosas medievales que prevalecían en aquella época. Esta es su interpretación del pentagrama:

El pentáculo representa cinco conjuntos de cinco de las virtudes de Gawain.

- Sus cinco sentidos;
- Sus cinco dedos;
- Las cinco heridas de Cristo en la cruz;
- Los cinco gozos de María, reina del Cielo;
- Las cinco virtudes caballerescas: la generosidad, la amabilidad, la castidad, la caballerosidad y la piedad.

Estos cinco conjuntos de virtudes son la marca de Gawain y no debe mancillarlas en ninguna circunstancia.

Para quienes conocen el significado original del pentáculo, la descripción anterior es una ridícula mezcla de elementos sin relación. Al caricaturizarla hábilmente, el poeta indica que algunas herramientas y conceptos de desarrollo se han corrompido y se han usado mal en esa época. Continuemos con las aventuras de Gawain.

Gawain se adentra en los bosques buscando al misterioso Caballero Verde. Se enfrenta a varios enemigos: lobos, toros, osos, jabalíes y una variedad de ogros del bosque y otros monstruos. A medida que el clima se enfría, casi muere congelado. Así, en peligro y con dolor, sigue buscando hasta el día de Nochebuena. En ese día, desesperado, reza para encontrar un lugar donde asistir a la misa de Navidad. Entonces aparece ante sus ojos un hermoso castillo, rodeado de un placentero parque y un foso, brillando en la distancia a través de un robledal.

Para entender el sentido de la repentina aparición del castillo, puede ser útil recordar la siguiente historia.[11]

> Un caballero se perdió en los bosques. Súbitamente vio un magnífico castillo aparecer de la nada delante de sus ojos. Se detuvo, perplejo. Un mayordomo salió del palacio y dijo:
> —Mi amo, el dueño del castillo, te invita a entrar. Hay refrigerios y entretenimientos, si quisieras ser nuestro huésped.
> El castillo estaba lleno de sirvientes. El caballero quedó abrumado ante su esplendor y lujo. Le condujeron a una sala de banquetes donde le esperaba toda suerte de comidas de deliciosas. Cuando el festín terminó, el anfitrión le mostró sus jardines que tenían una extensión inmensa. Allí, entre todas las frutas y flores imaginables, trabajaba un ejército de jardineros pululando como hormigas. Durante todo el día el caballero no cesó de pedirle a su anfitrión que le explicara el significado de todo aquello, pero solo respondía esto:

11 Adaptado de *The Magic Monastery*, de I. Shah, The Octagon Press, Londres, 1984, pág. 13.

—Espera hasta la mañana.

La mañana llegó, y en vez de despertarse en la suntuosa cama de seda adonde le habían conducido la noche anterior, el caballero se encontró tieso y aterido en el suelo entre los muros de piedra de una ruina enorme y fea, sobre la yerma ladera de una montaña. No había rastro del anfitrión, los bellos arabescos, las bibliotecas, las fuentes, las alfombras.

—¡El infame desgraciado me ha engañado con trucos de brujería! —exclamó el caballero.

Pero lo que no sabía es que, por los mismos medios que había empleado para construir la experiencia del castillo, el anfitrión le hacía creer que estaba abandonado en unas ruinas. De hecho, no estaba en ninguno de los dos lugares. El anfitrión se acercó al caballero, como saliendo de la nada, y dijo:

—Ahora regresaremos al castillo.

Movió las manos y el caballero se encontró en las salas palaciegas. Volvió a moverlas y el caballero vio que estaba en el bosque, en el mismo sitio en el que estaba cuando el castillo apareció ante él. Entonces escuchó una voz que decía: «Mientras te impulse la codicia de fama caballeresca, respeto y reconocimiento, te será imposible distinguir el autoengaño de la realidad. No se te puede mostrar nada real, solo embelecos. A aquellos cuyo alimento es el autoengaño y la imaginación solo se les puede alimentar con farsas e imaginación».

Es decir, la aparición de semejante castillo indica que al héroe, en este caso sir Gawain, se le está conduciendo a través de una serie de experiencias que le permitirán descubrir la verdad sobre sí mismo. Veamos qué tipo de pruebas le han preparado en el castillo que se le apareció ese día.

Gawain se acerca al puente levadizo. Llama y aparece un portero. —Buen señor —dice Gawain—, ¿podrías llevar un mensaje al señor de esta casa? Busco un lugar donde poder hacer mis oraciones—. El portero se marcha y pronto regresa para invitarle a entrar.

El señor del castillo sale a su encuentro y dice: —Bienvenido seas a alojarte aquí. Cuanto hay, es tuyo—. El anfitrión es una figura imponente. Aunque su poderosa apariencia le hace parecer fiero, sus modales son corteses. Indica a unos sirvientes que preparen la cámara de Gawain y, más tarde, le presenta a su esposa. Es joven, bella y está elegantemente vestida. Gawain se da cuenta de que la esposa del anfitrión es más bella que la reina Ginebra. Durante la conversación, el anfitrión pregunta a Gawain sobre el propósito de su viaje. Él y su corte se muestran complacidos al enterarse de que su invitado es un caballero de la Mesa Redonda de Arturo. Tras la comida, los hombres y damas se dedican a jugar y celebrar hasta bien entrada la noche, cuando Gawain se retira a sus aposentos.

Gawain pasa el día de Navidad y los dos siguientes de forma similar. Quedando solo tres días para su encuentro acordado con el Caballero Verde, Gawain pide permiso para marcharse y explica que ha de encontrar la Capilla Verde. El anfitrión ríe y responde que no hay problema porque la Capilla Verde se encuentra a solo dos millas de allí. Encantado, Gawain acepta quedarse tres días más, hasta el día de Año Nuevo. El anfitrión dice a Gawain que planea irse de caza durante tres días y propone un juego. Quiere que, durante el día, Gawain se quede en la corte y disfrute en compañía de la esposa del anfitrión. Al final de cada uno de esos tres días, ambos intercambiaran lo que hayan obtenido, es decir, el anfitrión dará a Gawain lo que haya cazado y cualquier cosa que Gawain haya obtenido durante su estancia en el castillo se la dará a su anfitrión. El anfitrión describe su propuesta como un «juego», y sugiere que el desafío no es diferente de los otros juegos de la corte del rey Arturo. A la vez, se refiere al acuerdo como un pacto, un contrato, asegurándose de que Gawain entienda las condiciones. Encantado de jugar, Gawain promete acatarlas: —Mientras esté en tu castillo, obedeceré tus órdenes.

Los hombres se besan y se retiran a sus habitaciones. A la mañana siguiente, temprano, el anfitrión y sus hombres parten a cazar ciervos con sus sabuesos. Respetando las normas de la veda, no matan a los machos, sino que separan a las hembras de los venados y las hieren con flechas. Después los perros buscan a los animales heridos y solo entonces los cazadores los rematan con sus cuchillos.

En el castillo, Gawain se queda en la cama hasta el amanecer. Estando medio dormido oye que la puerta de su cámara se abre quedamente. Mirando a hurtadillas entre las cortinas de su cama ve entrar a la esposa del anfitrión, que cierra con cuidado la puerta tras ella. Gawain finge estar dormido. La dama aparta las cortinas, se mete en la cama y se sienta junto a Gawain, que no sabe qué hacer. Se da la vuelta, abre los ojos y finge sorprenderse. Él se santigua y ella se ríe. Ella le saluda y bromea diciéndole que es un durmiente descuidado porque se le puede capturar fácilmente. Gawain ríe y dice que, en tal caso, está dispuesto a someterse a ella. Entre risas, pide que ella le deje levantarse y vestirse. La dama se niega, arguyendo que le mantendrá cautivo porque no es frecuente el privilegio de pasar tiempo a solas con un caballero famoso y honorable. Se ofrece a ser su sirvienta y le dice que la utilice de cualquier modo que él desee.

Gawain responde que servir a tan amable dama sería un honor. La dama insiste en sus abundantes cumplidos; ambos continúan sus corteses bromas hasta media mañana, cuando la dama se levanta y, mientras se va, acusa a Gawain de no ser un verdadero caballero. Sorprendido y preocupado por haber fallado en su cortesía, Gawain pide una explicación. La dama responde que ningún caballero auténticamente cortés hubiera dejado que una dama se fuera de su cámara sin un beso. — Muy bien —dice Gawain—, como desees, te besaré por orden tuya—. La dama le abraza y besa, luego se marcha. Gawain se viste y va a oír misa. Pasa la tarde en compañía de la esposa del anfitrión y otras damas.

En sus bromas con Gawain, la dama le recuerda el código del amor cortés y la caballerosidad, según el cual el amor que siente un caballero por una dama de rango superior conduce a su ennoblecimiento espiritual. Por tanto, Gawain está obligado

a obedecerla. No obstante, para aceptar sus avances, Gawain
tendría que transgredir el código caballeresco de castidad. In-
vocando estas normas durante esos momentos llenos de carga
erótica, la dama pone a Gawain en un compromiso imposible.
Es evidente que el poeta está recalcando lo artificial del amor
cortés popularizado en la literatura artúrica.

Por la noche, el anfitrión regresa al castillo.
Saluda a Gawain y le entrega el venado que había
cazado ese día. Gawain lo acepta y, a cambio, le
besa diciendo: —¡Estas son mis ganancias, señor!
No tengo nada más—. El anfitrión ríe e inquiere:
—¿Dónde ganaste este beso?—. Gawain replica
que acordaron intercambiar las ganancias , pero
no explicar cómo las habían obtenido. Deciden
continuar el juego al día siguiente.

El segundo día el anfitrión caza un jabalí, pero
esta vez tiene que luchar para arrojarlo al suelo
y matarlo con su espada. En el castillo, la dama
sigue burlándose de Gawain, argumentando que
la aceptación de su amor es conforme al código
caballeresco y vuelve a desafiar su reputación
exigiendo dos besos. Gawain responde: —Estoy a
tus órdenes para para besarnos cuando te plazca.
Puedes lograr lo que desees—. La dama le besa y
abandona la habitación.

Esa noche, el anfitrión y sus hombres regresan
al castillo con la cabeza del jabalí, que el anfitrión
entrega a Gawain quien, a cambio, le da dos besos.
El tercer día el anfitrión da caza a un zorro. En
el castillo, la dama vuelve a despertar a Gawain;
esta vez le da tres besos. Mientras bromean, ella
pide a Gawain que le dé algo como muestra de

su amor: —En esta despedida, agrádame rega-
lándome alguna cosa, para que sea un recuerdo
tuyo—. Gawain se niega afirmando que no tiene
nada que dar. —Estoy en una misión a tierras extrañas y no tengo nada para entregar—. Así pues,
la dama le ofrece un anillo de oro con una piedra
roja. Gawain nuevamente rechaza aceptarlo: —No
admitiré regalos ahora. No tengo nada que dar a
cambio y no recibiré nada.

El planteamiento de la dama se asemeja a la
caza del zorro. Como el cazador, emplea desafíos
más impredecibles que en los dos intentos anteriores. Ofrece a Gawain su cinturón verde, que
afirma posee propiedades mágicas: —Pues quien
lleve este cinturón no puede ser matado por ninguna astucia de mano—. Gawain, como el zorro,
teme por su vida y está intentando encontrar un
modo de evitar que el Caballero Verde le mate con
su hacha. Tentado por la posibilidad de proteger
su vida en su próximo encuentro con el Caballero
Verde, acepta el cinturón; pero debe prometer que
no se lo contará al anfitrión.

Esa tarde Gawain va a confesarse y, después,
está aliviado y contento. Ahora se siente preparado para encontrarse con el Caballero Verde y pasa
el resto del día bailando y disfrutando de la compañía de la dama. Sin embargo, cuando el anfitrión
retorna al castillo por la noche, Gawain le da tres
besos, pero no menciona el cinturón de la dama.

La confesión es otro elemento importante del poema. El
poeta parece recalcar que Gawain está convencido de haber
confesado todas sus faltas. Pero cabe preguntarse: ¿confesó

todas sus ofensas? Después de todo, se confesó antes del intercambio final de «ganancias» con el anfitrión, es decir, antes de cometer su mayor ofensa: incumplir el pacto con él. El poeta parece indicar que realmente no importa lo que Gawain confesó o dejó de confesar. Como veremos más tarde, el poeta se sirve del poema para ilustrar la artificialidad de la comúnmente aceptada función de la confesión.

Tras el intercambio, el anfitrión y sus cortesanos celebran una fiesta de despedida para Gawain. Entrada la noche, Gawain se retira a su cámara para preparar su viaje a la Capilla Verde. Antes de que amanezca, se levanta y se pone su armadura, recordando anudarse el cinturón de la dama alrededor de su talle.

Cuando se dispone a marcharse, Gawain desea felicidad y alegría al anfitrión y su esposa. Acompañado por un guía, cruza el puente levadizo y cabalga por el bosque hasta las alturas de las cercanas montañas nevadas. El guía dice a Gawain que nadie puede sobrevivir a un encuentro con el Caballero Verde y le sugiere que abandone su misión sin enfrentarse al misterioso caballero. El guía promete no decírselo a nadie: —Regresaré raudo a mi casa y, por mi honor, prometo que mantendré tu secreto y no diré palabra de que estabas dispuesto a huir.

Gawain agradece al guía su preocupación, pero no acepta su consejo. El guía le transmite sus buenos deseos y le muestra el camino a la Capilla Verde, marchándose rápidamente porque teme ir más lejos.

Gawain se dirige a las montañas sin ver señal de edificios o capillas. Finalmente divisa un extraño montículo grande, como los que cubren los cuerpos de los muertos, en el que descubre una cueva. Se da cuenta de que esa cueva debe ser la Capilla Verde. De repente oye el espantoso sonido de una hoja siendo afilada en una piedra. Aterrorizado y plenamente consciente de que el sonido significa su muerte, Gawain anuncia su presencia: —¿Quién es el amo de este lugar que ha de encontrarse conmigo?—. Una voz responde desde lo alto de la caverna diciendo a Gawain que no se mueva. Gawain escucha cómo el hombre sigue afilando su arma Al cabo de un tiempo, aparece el Caballero verde portando un hacha. Saluda afectuosamente a Gawain y le felicita por su puntualidad: —Te doy la bienvenida; has planeado tus viajes como debe hacerlo un hombre leal y no has olvidado el encuentro que acordamos.

El Caballero Verde le indica que se prepare para recibir el golpe prometido. Gawain intenta disimular su miedo mientras despeja su cuello y se dispone a recibir el golpe mortal. El Caballero verde levanta el hacha y la deja caer. Cuando el Caballero Verde ve que Gawain se estremece, detiene el hacha y se burla de su cobardía. Gawain promete no estremecerse otra vez, y no lo hace mientras el hacha baja; pero el Caballero Verde vuelve a detenerla. Felicita a Gawain por su valor y dice que el siguiente golpe le llegará. Enfadado, Gawain le contesta que se dé prisa y golpee. El caballero levanta el hacha una vez más y finalmente golpea a Gawain, pero solo le hace un leve corte en el cuello. Gawain salta y coge su espada diciendo al caballero que ahora se va a defender porque ya ha recibido el golpe acordado. El caballero se apoya en su hacha y concede que Gawain ha cumplido los términos del acuerdo, pero se niega a luchar. Explica que amagó las dos primeras veces porque Gawain había respetado el pacto que hicieron en el castillo. Ahora Gawain se da cuenta de que el Caballero Verde es el anfitrión del castillo en el que había estado. El Caballero Verde recuerda a Gawain que solo había sido sincero los dos primeros días y que el pequeño corte del tercer golpe era el castigo por la infracción del tercer día, cuando Gawain no dijo la verdad sobre el cinturón verde. Por tanto, no había superado la prueba de lealtad: había traicionado a su anfitrión.

Gawain responde quitándose el cinturón, maldiciéndolo y entregándoselo al Caballero Verde. Pide recuperar la confianza del anfitrión: —Soy perverso, codicioso, falso y un cobarde —exclama—. ¡Ahora, señor, te confieso *verdaderamente* todos mis defectos!

Es en este momento cuando Gawain es capaz de reconocer y enfrentarse adecuadamente a sus faltas. Las circunstancias eran tales que pudo *experimentar* una auténtica confesión.

El Caballero Verde acepta entre risas la confesión de Gawain y le ofrece el cinturón verde como recuerdo. Pide a Gawain que vuelva al castillo y se quede para celebrar el Año Nuevo con él, su dama y sus caballeros. Gawain rechaza la invitación.

Sin embargo, acepta el cinturón verde que pone sobre su hombro derecho y se apresura a regresar a Camelot. Cuando llega a la corte, se encuentra con un jubiloso recibimiento. Toda la corte se deleita viéndole sano y salvo y escuchando su maravilloso relato. Gawain explica que siempre llevará el cinturón verde para acordarse de su falta. El rey y los caballeros se ríen y, por Gawain, deciden llevar también cinturones verdes.[12]

Rechazando la invitación del Caballero Verde, Gawain no pasa su prueba. Igual que Moisés en su encuentro con Khidr, Gawain demuestra que es incapaz de beneficiarse de la compañía de un sabio. Puede parecer que el efecto de su encuentro con el Caballero Verde en la Capilla Verde no produjo ningún cambio en su estado interior. Pero... la historia aún no ha terminado. Nos encontraremos con Gawain en el siguiente capítulo.

Ahora vemos cuál era el propósito general del poema: indicar la irrelevancia del concepto caballeresco popularizado en la literatura artúrica de la época. Al mismo tiempo, el poeta señala que existe otra forma de desarrollarse y practicar las virtudes caballerescas auténticas. Es decir, era el momento de renovar y reactivar el proceso de desarrollo que habían introducido los trovadores. De hecho, *Sir Gawain y el Caballero Verde* apareció cuando se inició la reactivación del proceso.

---

12 Adaptado de la traducción de J.R.R. Tolkien, *Sir Gawain and The Green Knight with Pearl and Sir Orfeo*, Harper Collins Publishers Ltd., Londres, 2021.

Epílogo

de *Sir Gawain y el Caballero Verde*

Un hombre de aspecto aristocrático entra en la sala de recepción de un modesto castillo. Un sirviente le conduce a una habitación donde el anfitrión se levanta de la silla y le saluda afectuosamente. Después de intercambiar las cortesías habituales, el visitante saca un gran manuscrito de su bolsa y se lo entrega al anfitrión. Este le indica que tome asiento y luego abre el manuscrito. En la página del título se lee *Sir Gawain y el Caballero Verde*. Después de pasar unas cuantas páginas, el anfitrión toma una pluma y escribe en la última página del manuscrito:

HONI SOIT QUI MAL Y PENCE

Luego, devuelve el manuscrito al visitante diciendo:

—¡Bien hecho, amigo! Esta parte de tu viaje se ha completado. Has conseguido superar tu jactancioso Gawain y tu impaciente Moisés. Has llegado a la segunda Capilla Verde. Ahora debemos separarnos de nuevo. Pero esta vez, sabes lo que hay ante ti; conoces el camino. Busca una... *perla*. Adiós, y que una estrella te guíe.

El visitante besa la mano del anfitrión y se marcha.

***

La aparición de la frase HONI SOIT QUI MAL Y PEN-CE en el manuscrito de *Sir Gawain y el Caballero Verde*, es una pista sobre el propósito general del poema. El origen de esta frase puede rastrearse hasta la formación de la Orden de la Jarretera, fundada por el rey Eduardo III alrededor del año 1348. El objetivo del rey Eduardo era revivir la tradición de la Tabla Redonda.

La Orden de la Jarretera estaba estructurada de un modo similar a la Orden de Khidr, fundada en Oriente un siglo y medio antes. (La Orden de Khidr era también conocida como la Orden del Edificio Redondo, por el gran palacio de Bagdad que perteneció a Harun al-Rashid[13]). La Orden de Khidr se componía de grupos llamados «círculos», cada uno de los cuales constaba de trece miembros. Su propósito era desarrollar una comprensión de lo que hay más allá de las limitaciones de la percepción ordinaria. Tomaron como lema una expresión árabe sobre Saki, el copero, su guía.

Según la leyenda mística, cada día Saki debía servirle a Dios una copa de vino. Cada mañana la copa se rellenaba de vino, pero solo si Saki había cumplido correctamente sus deberes y responsabilidades. En la cuadragésima mañana de su impecable servicio, a Saki se le ofrecióuna copa de la Bebida de los Inmortales. Esta leyenda inspiró muchas historias sobre los desafíos a los que ha de enfrentarse un héroe para lograr el deseo de su corazón. Por ejemplo, esta es la referencia a Saki de Omar Khayaam:

Cada gota de vino que Saki, negligentemente,
derrama sobre el suelo puede apagar los fuegos de dolor
en algún corazón afligido. ¡Alabado sea quien ofrece
tal remedio para aliviar su melancolía![14]

Igual que la Orden de Khidr, la de la Jarretera también se dividió en círculos (jarreteras) de trece miembros. Un círculo lo presidió el rey Eduardo III y el otro su hijo, el Príncipe

13 *The Sufis*, Idries Shah, The Octagon Press, Londres, 1989, pág. 220.
14 *A Journey with Omar Khayaam*, W. Jamroz, Troubadour Publications, Montreal, 2018. (Versión en español: *Un viaje con Omar Khayaam*, W. Jamroz, Editorial Sufi, Madrid, 2020).

Negro. Al mismo tiempo, el rey Eduardo empezó a construir un edificio circular enorme en un patio de armas de su castillo para albergar en él a la Orden de la Jarretera.

Se eligió la frase «*Honi soit qui mal y pense*» como lema de la orden de la Jarretera. Fonéticamente, suena como el saludo de los miembros de la Orden de Khidr a Saki. (Posteriormente se explicaría el significado de la frase como «Que se avergüence quien piense mal de esto», que era la traducción más cercana al sonido de la frase en francés anglo-normando). El lema señaló un importante ajuste del proceso implementado en la sociedad occidental de esa época. No era el rey quien presidía el proceso, sino el Verde, un guía, que dirigía la Orden. Otra cuestión interesante de la Orden de la Jarretera fue el restablecimiento de la idea original de la dama de los trovadores. A pesar de que la Orden era exclusivamente masculina, Eduardo III incluyó una mujer asociada a cada uno de los círculos originales: la reina Felipa e Isabela, hija de Eduardo, a quienes se les proporcionaron mantos y capuchas, y que participaban en la fiesta anual de la Orden de la Jarretera que se celebraba en el castillo de Windsor.

Todo ello indica que la aparición de *Sir Gawain y el Caballero verde* señaló la renovación del proceso iniciado por los trovadores.

El hijo del corazón

El hombre que sabe debe entender que el hijo del
espíritu nace en el propio corazón.

Qadir Jilani

El encuentro de Gawain con el Caballero Verde tuvo un
efecto duradero en él. Aunque al principio rechazó la invitación de unirse a él y a sus caballeros, parece que después de
un tiempo regresó al castillo del Caballero Verde. Fue entonces cuando atravesó una serie de experiencias descritas en el
poema titulado *Perla*, que es la continuación de *Sir Gawain y el
Caballero Verde*. Podemos ver que el poeta usa el personaje de
Gawain para describir sus propias experiencias. El manuscrito
contiene ambos poemas y se cree que los escribió la misma
persona que llegó a ser conocida como el Poeta de la Perla.

Si *Sir Gawain y el Caballero Verde* fue el anuncio de la renovación del proceso iniciado por los trovadores, Perla revela
la plantilla actualizada de la mente humana proyectada en esa
época. Y este diseño también proporciona más pistas sobre la
estructura general de la materia que nos interesan.

El título del poema, *Perla*, hace referencia a un personaje
simbólico cuya función se corresponde con la *dama* de los
trovadores. Las canciones trovadorescas describían un cierto
anhelo, un poderoso deseo, una fuerte atracción por algo desconocido que se presentaba simbólicamente como una *dama*.

Las canciones insinuaban que la *dama* era inalcanzable y que el amor de su pretendiente no tenía esperanza. Lo interesante es que las canciones describían el impacto de la *dama* en su enamorado, pero no detallaban cómo se podía satisfacer la sensación ni cómo desarrollarla. Se centraban en llamar la atención sobre ciertos sentimientos, que eran el primer indicio de algo mucho más profundo y fuerte que los habituales estímulos emocionales o intelectuales. Es decir, el propósito de las canciones trovadorescas es que el hombre percibiera esos sentimientos. Sin embargo, los trovadores no abordaron la siguiente etapa del proceso; parece que esta tarea se dejó para otros. Y ese vacío es el que llena el autor anónimo con *Perla*, personaje que describe mejor la función de la *dama*. Como se ha mencionado en el capítulo anterior, todas estas actividades estaban relacionadas con la formación de la Orden de la Jarretera; parece que se constituyó para llevar el proceso hasta su siguiente etapa.

Para captar el significado de *Perla* conviene familiarizarse con algunos términos técnicos introducidos en la literatura anterior al final del siglo XIV. En concreto, suelen referirse a un estado elevado de percepción como «el hijo del corazón». En esta convención, tal *hijo* está dentro de la mente humana (que suele denominarse «corazón») y en ella el *hijo* se alimenta y crece. La pureza del hijo suele representarse por medio de diversas formas de belleza física, y, a veces, en forma de ángeles. Mediante este hijo uno puede obtener acceso a niveles superiores de la estructura de la mente humana, acceso que permite realizar la propia percepción. Por ejemplo, Qadir Jilani, un místico persa del siglo XIII, escribió en su *El secreto de los secretos*:[15]

---

15 *The Secret of Secrets*, Abdul-Qadir al-Jilani, traducido por Tosun Bayrak (The Islamic Text Society, Cambridge, R.U., 1992). Versión en español: *El secreto de los secretos* (Editorial Sufi, Madrid, 2001).

El hombre que sabe debe ser consciente
de que el hijo del espíritu nace en su corazón.
Este es el sentido de la verdadera humanidad.
Debes educar al hijo del corazón,
enseñando unidad mediante la conciencia constante
   de la unidad,
abandonando este mundo de materia y multiplicidad,
buscando el mundo espiritual, el mundo
   de los misterios,
donde no hay nada más que la esencia de Dios.
En realidad no hay ningún lugar salvo ese lugar,
que no tiene principio ni fin.
El hijo del corazón vuela sobre ese campo infinito
viendo cosas que nadie antes ha visto jamás,
que nadie puede contar ni describir.
Como dijo Jesús:
«El hombre ha de nacer dos veces para alcanzar
   el reino de los ángeles,
como los pájaros, que nacen dos veces».
Esa posibilidad está en el hombre.
Ese es el misterio, el secreto del hombre.

Con frecuencia se denomina a este *hijo* como una «perla oculta». Una perla es símbolo de iluminación, sabiduría, energía espiritual y belleza oculta. Como símbolo femenino procede de la formación de la perla dentro de la ostra. Así pues, *Perla* es una referencia simbólica a una semilla que se cultivó en las mentes de la sociedad occidental del siglo XIV.

***

El proceso descrito en *Perla* tiene lugar dentro de una estructura de múltiples niveles. El entorno terrestre es el nivel más bajo, ordinario. Los niveles superiores corresponden a los mundos invisibles, que suelen llamarse divinos o celestiales. En esta estructura se considera que la mente del hombre ordinario está separada de esos niveles superiores. El propósito del proceso general es activar ciertas facultades que permitirán a la mente operar en esos dominios más elevados.

Vayamos ahora con nuestro poeta y sigámosle por la serie de experiencias a las que fue expuesto antes de iniciar su entrenamiento inicial en el castillo del Caballero Verde. Después de reunirse con el Caballero Verde, a Gawain se le indicaron unos ejercicios que le permitirían acceder a niveles superiores de percepción. Parece que tenía que meditar acerca de una *perla*, cuya imagen inducía en él un elevado estado de completitud y serenidad. El poeta añade: «no viviste dos años conmigo en la tierra». De este modo indica que ha «cultivado» esta experiencia durante casi dos años.[16]

Al principio del poema el poeta está desconsolado por haber perdido su *perla*, que describe como de belleza inestimable y sin par:[17]

Nunca conocí ninguna de valor similar.
Tan redonda, tan radiante,
tan bella, tan suaves sus bordes,
que entre todas las joyas que embelesan
solo ella era querida para mí.

16 Casualmente, una perla suele tardar dos años en formarse. Las perlas naturales se forman cuando la ostra reacciona ante un agente irritante cubriéndolo con el material iridiscente y brillante de la superficie interior del caparazón.
17 Los versos citados son de la traducción realizada por J.R.R. Tolkien, *Sir Gawain and The Green Knight with Pearl and Sir Orfeo*, Harper Collins Publishers Ltd., Londres, 2021.

Parece que el poeta no pudo mantener su elevado estado. Describe esta interrupción diciendo que la *perla* escapó de él («se arrojó lejos de mí»/«me abandonó velozmente») y desapareció en algún lugar del suelo de su jardín:

¡Ay! La perdí en el cercano jardín:
por la hierba hacia el suelo se arrojó lejos de mí;
añoro, abrumado por una tristeza herida de amor,
esa perla, que era mía, inmaculada.

Siguiendo el código de los trovadores, asigna a la *perla* atributos de la amada que elevan y sanan. Cuando desaparece la sensación de completitud, el poeta está afligido y triste:

Desde que en aquel lugar me abandonó velozmente
he buscado y anhelado esa cosa preciosa
que acostumbraba a llevarme de la tristeza a la libertad,
que elevaba mi suerte y traía la sanación,
mas ahora mi corazón duele cruelmente,
mi pecho está herido por ardiente tormento.

En la misma estrofa el poeta revela otro detalle esencial: indica que «cultivó» su *perla* durante la meditación, a la que se refiere como la «hora secreta». Esto significa que durante casi dos años desarrolló su mente para alcanzar un estado que le permitía establecer un vínculo con una extraordinaria fuente de belleza, realización y alegría.

Tras la pérdida, continuó con sus meditaciones, durante una de las cuales se le proporcionó una guía en forma de «la canción más dulce»:

Pero en la hora secreta suavemente llegó a mí
la canción más dulce que haya podido oír.

Shakespeare describe una experiencia similar en su *Noche de epifanía*. El duque Orsino hace referencia a oír, y luego perder, tal «dulce sonido»:

> Si la música es el alimento del amor, seguid tocando;
> dadme una plétora de ello para que, excediéndose,
> el apetito enferme, y así muera.
> ¡Otra vez ese compás! Tenía una cadencia lánguida:
> ¡Oh, pasó por mi oído como el dulce sonido
> que alienta sobre un bancal de violetas,
> robando y entregando aroma! Basta, no más:
> Ahora ya no es tan dulce como era.
>
> (*Noche de epifanía,* I.1)

Siguiendo la *canción* el poeta se encuentra en un mundo desconocido. Mientras deambula por él, llega a un arroyo que no puede cruzar. Esta experiencia señala las primeras muestras de la activación de algunas facultades sutiles. Ahora el poeta puede «ver» más allá de sus sentidos ordinarios.

Entonces, al otro lado del arroyo ve a una joven doncella. En ese momento es cuando el poeta percibe la manifestación del anhelo que experimentaba en la forma de una joven:

> Allí estaba una muchacha:
> vestía de radiante blanco,
> una gentil doncella de cortés gracia;
> ya la conocía bien de vista.
> Como relucientes filamentos de oro
> brillaba en su belleza sobre la orilla.

Cuanto más la mira, más seguro está de que esa doncella encarna a su *perla* perdida:

Perla – ilustración de Simon Armitage (The London Magazine)

Largo tiempo la contemplé
y cuanto más lo hacía, más la conocía.

El poeta pregunta a la doncella si ella es la *perla* que él ha perdido:

—Oh, Perla —dije—, revestida de perlas,
¿eres tú mi perla cuya pérdida lloro?

La doncella comienza a hablar con el poeta. Ahora podemos aprender un poco más sobre la función de desarrollo de la *dama* de los trovadores, y averiguar cuál era el propósito de esa experiencia.

La doncella corrige al poeta diciéndole que no ha perdido nada, comparándole a él con un orfebre y a sí misma con una *perla* que ha estado protegida en un cofre seguro:

Buen señor, has malgastado tu discurso
diciendo que tu perla ya no estaba,
cuando se halla en un exquisito joyero
en este jardín tan alegre,
para entretenerse y jugar siempre,
sin que le inquieten la pena ni el pesar.
«He aquí un cofre seguro», dirías,
si fueras un gentil orfebre.

Explica que está en el lugar al que realmente pertenece,
por lo que el dolor del poeta es totalmente inapropiado:

Te disgustas porque tu suplicio se ha curado,
no eres un orfebre agradecido.

Lo que significa que el poeta se ve expuesto a la siguiente
etapa de sus experiencias; las anteriores solo sirvieron como
preparación. Ahora se enfrenta a una tarea mucho más difícil.

El poeta se disculpa y quiere cruzar el arroyo para estar
más cerca de ella. Su reacción es incluso más inesperada: se
burla de él diciendo que o está de broma, o está loco:

¿Por qué bromeáis, hombres? ¡Qué locos estáis!

Dice que la reacción del poeta es desconsiderada y estúpi-
da. De ninguna manera puede cruzar el arroyo para reunirse
con ella:

Crees que vivo en este verdor
porque puedes verme con tus ojos;
y afirmas que deseas
morar conmigo en estas tierras;
y en tercer lugar, cruzar el agua cristalina:
eso no puede hacerlo ningún alegre orfebre.

Y añade que él tendrá que usar otro procedimiento para poder cruzar el agua:

Ahora quieres cruzar el agua:
lo conseguirás de otra manera.

El poeta no lo entiende y empieza a quejarse:

¿Por qué debo a la vez dejarte y reunirme contigo?

La dama empieza a regañarle, diciendo que, al lamentarse de una cosa, puede estar renunciando a otra mucho más valiosa:

Por ruidosos lamentos cuando pierden menos
Muchos hombres suelen privarse de más.

La doncella continúa enseñándole y le cuenta que su posición actual en la jerarquía invisible es la de reina:

Dices que mi vida es jubilosa;
y quieres saber en qué grado.
Sabes que despediste a tu perla
cuando era tierna y joven;
pero mi Señor, el Cordero, con divino poder
me eligió para que fuera su esposa,
coronándome feliz reina para brillar
mientras duren los días eternamente.

El hecho de que la doncella sea una reina en la jerarquía invisible conmociona al poeta:

—¡Oh dichosa! —dije—, ¿es esto verdad?
¡No te disgustes si yerro en mi expresión!

¿Eres la reina de los cielos azules
a quien todos en la tierra deben honrar?
Creemos que nuestra Gracia creció de María,
quien dio a luz un niño en virginal floración;
mas reclamar su corona, ¿quién podría,
salvo una que la superara en justos favores?

El poeta duda que la doncella, siendo tan joven, pueda haber sido elevada a tan alto estado en los cielos. Se pregunta si la doncella ha sustituido a María como reina del cielo:

En cielos demasiado altos te imaginas
convertida en reina, siendo tan joven.

La doncella explica que todo ser que pueda cruzar el agua, en este lugar se convierte en rey o reina:

La corte donde reina el Dios viviente
tiene una virtud propia,
y quienquiera que allí llegue
es rey o reina de todo el reino,
pero nunca tomará el derecho de otro,
sino que se gloriará en el bien de los demás
deseando que cada corona valga por cinco,
si pudiera enmendarse algo tan bello.

En la misma estrofa la doncella añade otro detalle sobre la estructura del mundo invisible:

Mas mi Señora, de quien nació Jesús,
por encima de nosotros tiene su imperio,
y no se aflige por nuestro séquito,
pues es la Reina de la Cortesía.

La doncella se está refiriendo a la estructura de los mundos invisibles. Afirma que la Reina de la Cortesía pertenece a un nivel superior dentro de la estructura invisible. El primer nivel es el mundo de las plantillas, y el siguiente superior, el mundo de las ideas. La «cortesía» es uno de los atributos asociados con el mundo de las ideas. Lo importante aquí es que el mundo de las ideas está fuera del alcance de una mente terrenal. Ese nivel solo pueden percibirlo las mentes que ya están en el mundo de las plantillas, que consiguieron desconectarse por completo de las influencias terrestres. Situando a la Reina de la Cortesía en el mundo de las ideas, la doncella recalca un detalle importante: es inútil para los terrícolas concentrar su atención en la Reina de la Cortesía, porque, en primer lugar, hay que acceder al nivel de la doncella. Solo allí puede adquirirse la percepción que corresponde al nivel de la Reina de la Cortesía. (Aunque el poema está envuelto en terminología religiosa, podemos ver que el sentido de esos términos no se corresponde con su uso común).

La doncella cita la analogía de san Pablo para seguir explicando la estructura de los mundos invisibles:

Igual que la cabeza, el brazo, la pierna y el ombligo
deben unirse en lealtad a su cuerpo,
como miembros de su Maestro místico
son, por derecho, todas las almas cristianas.

La familiaridad con el proceso y la estructura cósmica general puede ayudarnos a entender la explicación de la doncella: la estructura en dos niveles de los mundos invisibles no es estática, es como un organismo que crece. El crecimiento se sostiene mediante las mentes que son capaces de superar las limitaciones de las condiciones terrestres y, de este modo, se convierten en parte de un nuevo ser que se va formando gradualmente dentro de los mundos invisibles.[18] Como cualquier otro ser, este nuevo cuerpo se compone de numerosas partes, necesarias para que sea plenamente funcional. Es en este contexto en el que se puede decir que hasta la parte más pequeña del nuevo ser debe ser perfecta («es rey o reina») en el cumplimiento de su función celestial.

La dama continúa con su explicación:

> «Así yo», dijo Cristo, «cambiaré el orden:
> el último será el primero en recibir lo que le
>   corresponde,
> y el primero será el último, por muy veloz que sea;
> pues muchos son los llamados y pocos los elegidos».

Aquí la dama cita la parábola de los trabajadores de la viña. El propietario de una viña sale temprano por la mañana y contrata trabajadores, acordando pagarles un denario al día. Más tarde, va al mercado y contrata a otro grupo de trabajadores. Sigue contratando trabajadores en diversos momentos del día y les promete un salario justo. Cuando acaba el día, el propietario dice a su administrador que pague a los trabajadores. Pide que a todos se les entregue el mismo sueldo, un denario, y que se pague en primer lugar a los últimos que llegaron. Cuando les toca el turno a los primeros contratados (a primera hora de la mañana), creen que van a recibir más. Protestan cuando a ellos se les da un denario; se enfadan porque, en su opinión, habían trabajado mucho más que los que empezaron más tarde. El propietario no hace caso de sus quejas y les recuerda que estaban de acuerdo con el jornal cuando les contrató.

---

18 El proceso de formación de este nuevo ser cósmico se describe en *The New Cosmos* de W. Jamroz, Troubadour Publications, Montreal, 2021. (Versión en español *El nuevo cosmos* de W. Jamroz, Editorial Sufí, Madrid, 2021).

De nuevo, puede resultar útil ver la parábola de Mateo en el contexto de la nueva estructura cósmica que se está desarrollando gradualmente, cuyo crecimiento no es lineal. Lo que significa que las fases posteriores del crecimiento requieren habilidades y esfuerzos cualitativamente mayores. En segundo lugar, ciertos elementos de la nueva estructura deben completarse en un orden y momento específicos, por lo que las «mentes» que se unen al empeño más tarde deben esforzarse cualitativamente más. Así se puede entender el significado de «el último será el primero en recibir lo que le corresponde, y el primero será el último», pero todos cuantos contribuyen se beneficiarán por igual de la operación general ya que pasarán a formar parte de una nueva estructura más avanzada.

Volvamos a nuestro poeta; cuando se refiere a la dama como «doncella sin par e inmaculada» ella lo rebate diciendo:

—Inmaculada, impoluta,
impecable soy —dice la bella reina—;
y eso puedo afirmarlo con honradez,
pero «sin par» no lo he dicho ni lo pretendo.
Como esposas del Cordero reinamos dichosas
doce veces doce mil, pienso,
...
en la ciudad de Nuevo Jerusalén.

«Doce veces doce mil» se refiere a lo que podría llamarse la potencialidad de los mundos invisibles, descrita simbólicamente de ese modo. Son las plazas que deben llenarse con «amantes» terrenales. La doncella se refiere a esta nueva estructura como la ciudad de Nuevo Jerusalén, que describe así:

En la otra, nada se encuentra salvo paz
que durará por siempre inalterada.

Hacia tan elevada ciudad raudos nos dirigimos
en cuanto nuestra carne se tiende para pudrirse;
allí siempre aumentarán el júbilo y la gloria
del anfitrión que carece de mácula.

La doncella explica al poeta que Nuevo Jerusalén está presidido por un «anfitrión», el hombre perfecto que «carece de mácula».

El término «Nuevo Jerusalén» equivale a «Nuevo Cosmos», que se emplea para describir una estructura cósmica invisible formada por mentes perfectas. Su crecimiento es el supremo propósito de la humanidad.

Cuando el poeta solicita que le conduzca a Nuevo Jerusalén, la doncella se niega, diciendo que no tiene fuerzas suficientes para soportar el impacto de ese lugar; aún no está preparado para esa experiencia:

—Dios lo prohibirá —respondió—,
no puedes atreverte a entrar en su torre.
Por raro favor podrás verla:
desde fuera de la zona pura podrás mirar,
pero tus pies no pueden aventurarse dentro;
en la calzada no tienes fuerzas para valerte,
a no ser que estés limpio, sin una mancha.

La doncella informa al poeta de que se le ha concedido el excepcional privilegio de poder ver la ciudad desde el exterior. Le explica cómo llegar al lugar desde el que podrá contemplar Nuevo Jerusalén. El poeta camina durante un tiempo a lo largo de la orilla. Finalmente, cuando puede verlo, queda impresionado por su belleza y magnificencia. Entonces divisa una procesión de reinas coronadas conducidas por un Príncipe, el anfitrión del lugar:

El mejor era él, el más inestimable,
sobre quien había oído relatos de antaño;
tan maravillosamente blanco era su aspecto,
él tan noble, tan manso su porte.

Reconoce a la doncella entre las que forman parte de la procesión y, a pesar de su advertencia, no puede reprimirse de intentar cruzar el agua que la separa de ella:

Cuando vi su belleza quise acercarme,
aunque se mantenía más allá del arroyo.
Pensé que nada podía interferir
o forzarme a detenerme,
nadie evitaría que me sumergiera en el arroyo,
aunque muriera antes de nadar hasta el final.
Pero, aunque me esforcé por entrar en el agua,
al intentarlo un temblor se apoderó de mí;
se me impidió mi propósito:
no le complacía a mi Príncipe.

Se da cuenta de que, igual que en su primer encuentro en la Capilla Verde, no ha superado la prueba.

Podemos observar una semejanza interesante entre las experiencias del poeta en el castillo del Caballero Verde y aquellas en las que se encuentra ahora. Anteriormente el Caballero Verde envió a la dama (su esposa) para probar a Gawain, que fracasó en la prueba. Ahora el Príncipe la he enviado a la doncella para probarle y, de nuevo, falla. No obstante, entre estos dos encuentros hay una diferencia cualitativa.

Después el poeta se encuentra de regreso en su jardín, en el sitio donde perdió su perla:

Me desperté en ese jardín como antes,
mi cabeza reposando sobre el montículo

donde se había perdido mi perla en la tierra.
Me estiré y sentí un gran malestar,
y suspirando para mis adentros recé:
«Sea todo ahora como plazca a ese Príncipe».

Al final de sus experiencias, el poeta llega a la siguiente
conclusión:

Para complacer a ese Príncipe, si me hubiera sometido,
sin desear más de lo que me correspondía,
y hubiera lealmente obedecido,
como elegantemente me rogó la Perla,
podría haber sido enviado ante el rostro de Dios,
y quizá progresar en sus misterios.

El estado del poeta ha cambiado sustancialmente. Su
atención se ha desviado de la doncella (el medio) al Príncipe.
Y ese era el propósito de esta determinada experiencia: crear
un vínculo directo con una comprensión y un conocimiento
superiores. Reconoce que el Príncipe es el Saki, su guía, y que
solo con su ayuda podrá alcanzar Nuevo Jerusalén.

Los detalles adicionales acerca de la estructura de los
mundos invisibles son de particular interés para nuestra actual
exposición: el mundo invisible es una estructura de varios
niveles. La estructura descrita se corresponde con la representada en el pentagrama original, que el poeta introdujo en *Sir
Gawain y el Caballero Verde*. La estructura invisible permanece
oculta, no es perceptible para la mente ordinaria. Se requieren
facultades adicionales para percibir el diseño general de los
mundos invisibles. Familiarizarse con tal diseño nos ayudará a
resolver el problema actual de la física moderna. Pero todavía
no hemos llegado ahí.

Una nueva Orden de la Jarretera

¡Oh poderoso amor! Que a veces hace de una bestia un hombre y, otras, de un hombre una bestia.

William Shakespeare

La suerte de la Orden de la Jarretera siguió la tendencia habitual. Era cuestión de tiempo que las ideas recién introducidas degeneraran y se convirtieran en un conjunto de rituales artificiales y estériles a efectos de desarrollo. Poco más de un siglo después, la función de desarrollo de la Orden de la Jarretera se fosilizó. Se necesitaba un nuevo vehículo para continuar el proceso. Era hora de inyectar en la sociedad occidental un impulso renovado y más avanzado.

En una de las obras de Shakespeare se insertó una pista interesante acerca de la renovación de la Orden de la Jarretera en el siglo XVI.

Shakespeare usó sus obras históricas para ilustrar el proceso iniciado por la Orden de la Jarretera, cuyo objetivo original, como se ha indicado antes, era inyectar en la sociedad un elemento que ennoblece la mente del hombre, denominado simbólicamente «amor». Pero, como hemos visto, no se trata del amor ordinario. Más bien, como menciona uno de los personajes de Shakespeare, es un amor especial capaz de convertir «una bestia en hombre».

El primer episodio de las obras históricas se sitúa durante el reinado del rey Juan (1199-1216). La obra *El rey Juan* explica la situación antes de que se fundara la Orden. Los siguientes seis episodios ilustran el proceso desde la época del rey Juan hasta el nacimiento de Isabel I, en el año 1533.

Shakespeare indica que, en cuanto al desarrollo del «amor», no hay distinción entre la primera y las siguientes obras históricas. Por la razón que fuera, el «amor» no pudo enraizar en el canal de la realeza inglesa. A diferencia de sus obras italianas, en las históricas no hay «enamoramiento». Los acuerdos matrimoniales se realizan enteramente por motivos políticos y estratégicos ordinarios. De alguna manera, no fue posible activar el elemento de «amor»; permaneció latente. Por tanto, hubo un punto en el que fue necesario trasplantar este elemento vital a otro entorno. Según la exposición de Shakespeare, la transferencia se llevó a cabo en época de Isabel I; la obra *Las alegres comadres de Windsor* la describe.

La obra transcurre durante una de las fiestas de la Orden que se celebraban en el castillo de Windsor en la víspera del día de san Jorge. La escena final de la obra relata la mascarada de la Reina de las Hadas, representada en el parque de Windsor. La mascarada parece ser una ceremonia folclórica, bastante tonta e irrelevante, pero es una ilustración simbólica de un suceso muy poco habitual. Representa el nuevo entorno del proceso. Un lector atento se percatará de que, igual que en la «jarretera» original, hay trece participantes en el evento. Sin embargo, lo ejecutan personas corrientes de la clase media y trabajadora, en lugar de los Caballeros de la Orden. Aunque la frase «nuestra radiante reina» puede entenderse como una referencia a Isabel I, en realidad se trata de la Reina de las Hadas, representada por Ana Page, hija de una de las alegres comadres. Al final de la mascarada, Ana y su amante se casan. En las obras de Shakespeare situadas en Inglaterra, es la primera y única vez que el «amor» se convierte en la fuerza motriz de la narrativa.

La mascarada contiene referencias directas a la Orden de la Jarretera. Por ejemplo, esta es la instrucción de la señora Quickly a las hadas:

> Recorred el castillo de Windsor, elfos,
>   por dentro y por fuera:
> esparcid buena suerte, duendecillos,
>   en todo aposento sagrado:
> para que permanezca hasta el sino perpetuo
> en un estado tan incólume
>   como corresponda al estado,
> digno del dueño y del dueño él.
> Restregad las diversas sillas de la orden
> con jugo de bálsamo y toda flor preciosa:
> ¡que cada asiento, escudo y emblema
> sea por siempre bendito con leal blasón!
>
> (*Las alegres comadres de Windsor*, V.5)

«Las diversas sillas de la orden» es una referencia a los asientos individuales asignados a los miembros de la Orden en la capilla de san Jorge del castillo de Windsor, lugar de reunión tradicional para los caballeros de la Orden. En la siguiente cita, la señora Quickly, que preside el evento, pide a las hadas que formen un círculo y canten:

> Y todas las noches, hadas de los prados,
> cantad en círculo como la Jarretera:
> que su expresión sea verde,
> más fresca y fértil que todo el campo que se ve;
> y escribid «Honi soit qui mal y pense»
> en penachos esmeralda, flores púrpuras, azules y blancas;

que el zafiro, la perla y los ricos bordados
se abrochen bajo la rodilla doblada
de la hermosa caballería:
las hadas usan flores como caracteres de escritura.

(Las alegres comadres de Windsor, V.5)

Se pide que las hadas lleven «penachos esmeralda» y flores para escribir el saludo al Saki: *Honi soit qui mal y pense*. La función se representa en un círculo («jarretera») formado por los participantes. La cita hace referencia a los colores púrpura, azul y blanco, colores que usaba la Orden de la Jarretera en el siglo XVII.

El impacto ennoblecedor de la activación del «amor» se muestra con los cambios producidos en los participantes de la mascarada. Sir Hugh Evans se cura milagrosamente de sus idiosincrasias al hablar. La señora Quickly, que antes confundía el sentido de las palabras, pronuncia impecablemente un mensaje poético que incluye una frase en francés; Pistol, felizmente enamorado ahora de la señora Quickly, recita sus líneas impecablemente, cuando antes era incapaz de decir ni una sola frase correctamente. Estos cambios son similares a los que se asocian a la presencia de la *dama* de las canciones de los trovadores. Lo llamativo de este evento es que ha sido concebido, dirigido y realizado por la señora Page y la señora Ford, dos amas de casa de Windsor. En ese momento, Shakespeare no podía transmitir abiertamente este tipo de mensaje, por lo que lo ocultó en una comedia aparentemente absurda, en la cual Falstaff, el único caballero entre los personajes de la obra, demuestra ser incapaz de «enamorarse».

Aquí puede ser de interés otro detalle relacionado con las obras de Shakespeare. En el *Primer Folio*, es decir, la primera edición publicada de las obras de teatro completas de Shakespeare, hay una página titulada «Los nombres de los principales actores» (ver imagen).

Lo intrigante es que los nombres de los actores están ordenados en dos grupos de trece, igual que la composición inicial de los miembros originales de la Orden de la Jarretera. Podría ser una indicación sutil de que la aparición de las obras de Shakespeare tenía relación con la renovación del proceso de desarrollo iniciado en Inglaterra en la última parte del siglo XVI.

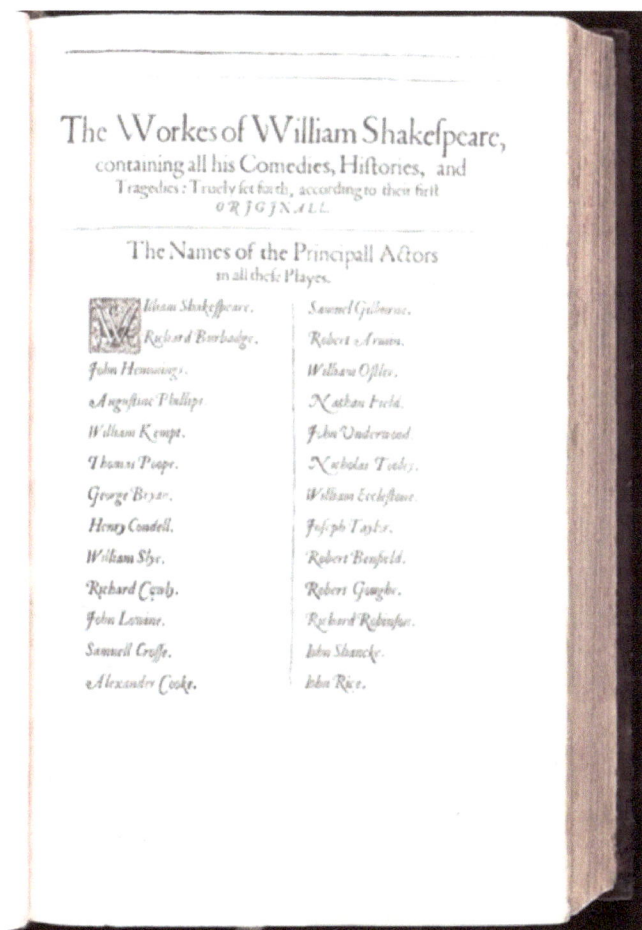

Una página del Primer Folio de Shakespeare (1623)

88

Como se ha mencionado antes, el inicio de una nueva fase del proceso suele combinarse con la proyección de una plantilla más avanzada de la mente humana. En *Perla* se describe cómo se revelaron más detalles de la estructura de múltiples niveles cuando se formó la Orden de la Jarretera. Podríamos esperar, por tanto, que, con el anuncio de la fundación de una nueva Orden en época de Isabel I, se destaparan más detalles sobre la estructura. ¿Hay indicios de esos detalles?

Sí, los hay. También se incluyeron en las obras de Shakespeare.

Antes del teatro de Shakespeare, los personajes principales de la poesía mística eran un amante y su amada, es decir, una pareja. En otras palabras, la poesía mística ilustraba diversos aspectos de las interacciones entre un hombre y una *dama*. Pero en la presentación de Shakespeare el impulso representado por la dama está muy realzado. Toda la narrativa shakespeariana ilustra la evolución que conduce a una situación en la cual era posible avanzar en el proceso.

Shakespeare trató los acontecimientos históricos como manifestaciones del estado mental de un grupo selecto de personas en una determinada zona geográfica en ese momento. En consecuencia, sus diversos personajes son representaciones simbólicas de varias facultades de la mente. Algunas facultades son ordinarias, otras extraordinarias, otras están a punto de lograr una percepción mejorada. Tal estado mental compuesto determina lo que es posible e imposible, define el potencial evolutivo y dicta la secuencia de acontecimientos. Usando esta alegoría, Shakespeare podía ilustrar el proceso que condujo al Renacimiento europeo.[19] El primer episodio de la narrativa de

19*Shakespeare's Elephant in Darkest England*, W. Jamroz, Troubadour Publications, Montreal, 2016. Versión en español *El elefante de Shakespeare: en la Inglaterra más oscura*, W. Jamroz, Troubadour Publications, Montreal, 2017.

Shakespeare tiene lugar en Troya (*Troilo y Cresida*), considerada generalmente como la cuna de la civilización occidental. Luego se traslada a la Britania prerromana, a la antigua Roma, pasa por la Edad Media en Francia, Inglaterra, Italia y Europa Central y termina con el Renacimiento europeo. De modo que la narrativa se extiende por un ámbito temporal de casi tres milenios. A medida que la narración se mueve de un lugar a otro, el impulso evolutivo mejora gradualmente. Al principio, lo representa una dama; después se convierte en dos, tres y finalmente cuatro mujeres jóvenes, que aparecen juntas. Sus futuras parejas representan las facultades latentes. Una boda indica que se ha activado con éxito una nueva facultad. En el episodio final de la narrativa de Shakespeare, cuatro parejas se casan en el mismo momento y lugar. Juntos forman una unidad. Juntos están entrelazados.

Este es el tipo de entrelazamiento de grupo que nos interesa en la presente exposición sobre la ciencia y la consciencia. Regresaremos a ello más tarde.

Émilie, la jugadora

Hay verdades que no son para todos los hombres,
ni para todos los tiempos.

Voltaire

No hay tantas personas que se den cuenta de que la base
del determinismo científico la estableció una mujer cuyo nombre solo recientemente ha empezado a aparecer en la historia
de la ciencia. Fue una persona extraordinaria que vivió en
Francia en el siglo XVIII. Era más conocida por ser la amante
de Voltaire que como una talentosa física y matemática. Fue
una de las primeras que intentó aplicar un enfoque perceptivo
a la física.

***

Estamos en la corte francesa de Versalles en 1722. Una
multitud de nobles, cortesanos y dignatarios extranjeros están
contemplando un espectáculo bastante inusual. Se trata de un
duelo de esgrima entre Jacques de Brun, el jefe de la guardia
real y... una atractiva joven que solo tiene dieciséis años. Es
alta, está muy en forma y tiene mucha seguridad en sí misma.
Blande su espada como un húsar, enfrentándose con furia a su
oponente. El duelo termina en un empate: la dama no pudo

vencer a su adversario, pero de Brun tampoco pudo derrotarla. Cuando soltaron sus espadas, ambos estaban exhaustos.

De este modo obtuvo su reputación Émilie du Châtelet entre los miembros de la corte de Felipe II, el regente que gobernó Francia tras la muerte de Luis XIV. Los padres de Émilie la enviaron a vivir en la corte esperando que atrajera a un rico pretendiente. Pero Émilie no era una mujer corriente. En la corte se dio cuenta de que estaba rodeada de un ridículo hatajo de dandis afectados, cotillas y jugadores. Émilie no quería malgastar su tiempo en las peculiaridades e hipocresías de la corte francesa. El duelo era su forma de contarle a todo el mundo que tenía otros planes. Por supuesto, para su madre, el duelo fue el peor resultado posible: en lugar de atraer pretendientes ¡su hija los espantaba! Después, su madre quiso mandarla a un convento, pero ninguna abadesa estaba dispuesta a aceptar a Émilie; evidentemente, la reputación de Émilie había llegado incluso a esos aislados reductos. Lo que significaba que Émilie conseguía más tiempo para hacer lo que amaba: estudiar ciencia.

No obstante, además de que la dejaran tranquila, también necesitaba dinero para comprar libros, y en esa época su padre no podía mantenerla porque sus ingresos se habían reducido. Lo cual no dejó a Émilie más que una opción: el juego. Para entonces, ya había aprendido suficientes matemáticas para usarlas en las apuestas. Como era mucho más rápida que nadie calculando probabilidades, podía aprovechar sus habilidades con facilidad en las mesas de juego. El juego era bastante popular entre las mujeres de clase alta, así que no era raro que ella se uniese a las damas de la corte en las mesas de cartas. Sus compañeras no tenían ni idea de que estaban jugando contra una de las más brillantes matemáticas de esa época. En una semana podía ganar más de dos mil luises de oro. Gastaba la mitad de ese dinero en libros. Pero su padre no estaba impresionado; la perspectiva de encontrar un marido para su hija era cada vez más remota. Sabía que ningún aristócrata importante se casaría con una mujer a la que se veía leyendo libros todos los días.

En algún momento Émilie se dio cuenta de que necesitaría unos ingresos más estables y un entorno más favorable para continuar sus estudios. Así que decidió comprometer su libertad casándose. Lo hizo con Florent-Claude, marqués de Châtelet, que había heredado suficiente dinero como para garantizarle a su esposa una vida decente.

Émilie aprendió latín, inglés, italiano y bastante holandés y griego. Tradujo a Virgilio y escribió comentarios sobre la Biblia, pero su principal interés era la ciencia. Al principio estudió a Isaac Newton. Newton había creado la ciencia moderna, pero su trabajo estaba incompleto cuando murió. Émilie creía saber el secreto más importante de Newton acerca de lo que era el universo.

En 1733 conoció a Voltaire, un famoso escritor, historiador y filósofo francés. En esa época ella vivía en París y era madre de tres hijos. Voltaire era doce años mayor que ella. La relación íntima comenzó casi de inmediato y pronto los parisinos tuvieron mucho de qué hablar, y Émilie los ayudó. Estaba casada, pero, en lugar de ser discreta, manifestaba su pasión por Voltaire besándole en los labios en cualquier momento y lugar.

En esa época Voltaire tenía problemas con las autoridades debido a sus escritos, en los que criticaba la estructura de clases de la sociedad francesa, la Iglesia católica romana y la esclavitud. Abogaba por la libertad de expresión y de religión, y por la separación de iglesia y estado. Fue expulsado de Francia. Su primera fuente de inspiración fueron los años que pasó en Inglaterra, donde aprendió inglés. Cuando necesitaba ayuda con la pronunciación inglesa, se dirigía al teatro de Drury Lane.

El apuntador le prestaba una copia del texto de Shakespeare que se iba a representar esa noche para que pudiera practicar pronunciación mientras escuchaba a los actores. Émilie era propietaria de una finca llamada Cirey. Como las apariencias eran cruciales, pensó que Cirey sería el lugar perfecto para escapar de los cotillas de París. Voltaire pagó la renovación. Al marido de Émilie, que no solía estar en casa, la relación le parecía bien; a veces se quedaba en la mansión con su mujer y Voltaire. Él y Voltaire se hicieron amigos y solían ir a cenar y a montar a caballo juntos.

Émilie convirtió Cirey en una especie de centro de investigación privado que incluía un laboratorio con instrumentos científicos. Además del laboratorio, albergaba una de las principales bibliotecas de investigación con casi 21.000 libros. Cirey tenía frecuentes visitantes que disfrutaban de las conversaciones con sus anfitriones.[20]

***

Uno de los invitados que visitó Cirey era un inglés, que Voltaire había conocido cuando asistía a las representaciones de teatro de Shakespeare en Londres. Voltaire le llamaba Yorick, por un personaje del *Hamlet* de Shakespeare que era un bufón real. Yorick era un hombre muy poco corriente. Émilie se sentía muy atraída por él debido a las cosas que sabía y cómo veía la vida y el mundo. Además, enfocaba la ciencia de una manera muy interesante. Por ello, Émilie pasó muchas horas debatiendo con él una perspectiva más global de la ciencia.

En una de esas charlas, Émilie comentó su interés por Newton y Leibniz. Dijo que Newton había demostrado que

---

20 Los anteriores detalles acerca de Émilie du Châtelet se han extraído de *Passionate Minds* de David Bodanis, Crown Publishers, Nueva York, 2006.

el universo estaba construido de tal modo que nunca podríamos conocer la naturaleza subyacente de un objeto. Creía que Newton había ocultado intencionalmente las respuestas en su enrevesado texto. Por otra parte, ese misterioso barón Gottfried von Leibniz había sugerido con detalle una forma en la que Dios podía controlar el universo; es más, Leibniz parecía tener pruebas de ello. Al escuchar esto, Yorick empezó a reír y dijo:

—Mi querida Émilie, ambos tienen razón y, a la vez, se equivocan. Una cosa es comprender cómo se aplica la ciencia al mundo físico. Pero hablar de Dios y de cómo se controla el mundo es un tema completamente distinto —la risa de Yorick molestó a Émilie.

—¿Por qué no? En el universo todo está controlado por un conjunto de energías. Si solo pudiéramos averiguar cómo se relacionan esas energías, y cómo medirlas, estaríamos en posición de saber cómo se controla el mundo.

—Estás suponiendo —continuó Yorick— que podemos comprender el mecanismo del mundo simplemente aplicando al mundo invisible las leyes conocidas de la ciencia. No funciona así. Es al revés. Las leyes de la ciencia determinista reflejan las leyes que gobiernan lo invisible. Las leyes de la física son solo una proyección simplificada, una aproximación, de esos mecanismos invisibles. Es, por tanto, imposible inferir de las leyes de la física el mecanismo general. Primero hay que familiarizarse con esas relaciones cósmicas, de lo contrario, estás en la oscuridad; tu objetivo está fuera de tu alcance.

—¿Quieres decir que los mejores intelectos humanos son incapaces de entenderlo?

—Sí, eso es lo que estoy diciendo.

—Sabes que no puedo aceptar eso —dijo Émilie con una sonrisa desaprobadora.

—Te daré un ejemplo, una ilustración alegórica.

—¡Estupendo, adelante! —ella recibió con entusiasmo el desafío.

—Es un ejemplo tomado de ese gran dramaturgo inglés, Shakespeare —dijo Yorick.

—¿Shakespeare? —dijo sorprendida Émilie.

—Sí, el mismo con quien Voltaire tiene esa relación de... odio.

Esto era cierto, Émilie sabía que Voltaire detestaba a Shakespeare. Yorick añadió:

—De su obra *Hamlet*.

—¿*Hamlet*? —esto resultaba aún más sorprendente para Émilie.

Voltaire había traducido algunas de las obras de Shakespeare, básicamente tragedias. Émilie sabía que Voltaire estaba especialmente consternado con Hamlet. Recordaba que, en el comentario a su traducción, Voltaire había manifestado que *Hamlet* lo había escrito un salvaje borracho y que era un drama vulgar y bárbaro. Yorick prosiguió:

—Como recordarás, Voltaire escribió que, en la escena del cementerio, el sepulturero dice tonterías y Hamlet responde a sus desagradables vulgaridades con estupideces igualmente repugnantes.

—Ah, sí, lo recuerdo —Émilie estaba atónita.

—Verás, la reacción de Voltaire a esa escena es una buena ilustración de lo que estoy intentando señalar.

—¿De verdad ¿Y esto tiene relación con mi entendimiento de la ciencia? —Era evidente que Émilie no estaba convencida.

—Así es; puede ayudarte a salir de tu actual dilema.

—Muy bien, pues ¡demuéstralo! —añadió ella rápidamente.

—Lo haré —dijo Yorick, y comenzó su explicación—. En esa escena, el sepulturero y Hamlet representan dos estados diferentes de la mente humana, que operan en distintos marcos. Hamlet personifica a una mente lista, inteligente, pero ordinaria. Mientras que el sepulturero representa un estado mental muy superior que le permite ver las experiencias previas, actuales y futuras de Hamlet. Sabe lo que Hamlet puede hacer y lo que no, cuál sería la acción más beneficiosa, y...

Émilie no pudo evitar interrumpir con un comentario sarcástico:

—¿Te refieres a ese lunático que decía tonterías?

—Déjame terminar, pero tu comentario es un elemento adecuado a lo que estoy explicando —contestó Yorick. Después de beber un sorbo de vino de su copa, continuó:

—Durante ese intercambio de palabras aparentemente estúpido, el sepulturero proporciona a Hamlet varias pistas para ayudarle a reconocer quién es realmente el sepulturero. En primer lugar, indica con claridad que sabe que está hablando con Hamlet, príncipe de Dinamarca, pero Hamlet no lo registra. En esta escena Hamlet parece atontado, incluso crédulo. La norma es que si no se produce... un mínimo reconocimiento de ese tipo de pistas, no hay nada que hacer. Y tal era el caso de Hamlet. Y lo mismo es aplicable a nuestro enfoque de la ciencia.

—¿Cómo? No veo que haya ninguna relación entre ambas cosas —dijo Émilie.

Parece que a Yorick no le sorprendió la respuesta de Émilie, y siguió:

—El estado mental de Hamlet se corresponde con nuestra mente científica racional. Puede operar eficazmente dentro de un marco determinado, por ejemplo, el mundo físico confinado en el tiempo y el espacio. Sin embargo, su mente ignora los detalles que no encajan en sus creencias prefijadas. En ese sentido, es un enfoque bastante dogmático. La mente del sepulturero opera en un marco superior que contiene las plantillas de todas las cosas, de forma que puede verlo todo y saber cómo están conectadas las cosas, y lo que es posible e imposible. Esa es la posición a la que tendrías que llegar para poder solucionar los problemas en los que estás trabajando.

—¿No esperarás que acepte esto? —evidentemente, Émilie no estaba encandilada. Y añadió— ¿Cómo se pueden entender de esa manera las sandeces incoherentes de ese sepulturero?

—Verás, es cuestión de percepción. La percepción ordinaria se limita al intelecto. Para aceptar algo, hay que basarse en la lógica y la racionalidad. Sin embargo, el nivel superior de percepción no depende de una cosa tan torpe como nuestro intelecto. En ese nivel, se ve el panorama general. Es una forma mucho más completa de comprender las cosas. Volvamos a nuestro sepulturero. Le proporciona a Hamlet algunas pistas para despertar su curiosidad: menciona «treinta años» y «veintitrés años». En el contexto de la escena en el cementerio, estas cifras carecen de sentido; no encajan en esa situación. Parecen ser errores o una incoherencia por parte del dramaturgo. Por eso algunos comentaristas de Shakespeare le acusan de no tener un conocimiento básico de álgebra.

No obstante, Shakespeare era muy preciso con sus números, pero no los usaba para indicar cuánto tiempo había pasado entre los dos acontecimientos; en esta escena los emplea como una especie de marcadores o vínculos. Los números son como puntadas que permiten conectar este episodio con otros anteriores. Vincularlos permite reconocer un diseño principal dentro del cual todos los episodios de Shakespeare forman un todo coherente. Pero Hamlet tenía que prestar atención a lo que estaba diciendo el sepulturero, y no lo hizo, ignoró sus pistas por completo; es decir, falló la prueba. En consecuencia, perdió la oportunidad de cambiar el curso de los próximos acontecimientos. Por tanto, la única tarea que le quedaba al sepulturero era... cavar la tumba.

Yorick se detuvo un instante, miró a Émilie a los ojos y añadió:

—Por cierto, a Shakespeare se le daban muy bien los números y las matemáticas. Te interesará también que era muy aficionado a las apuestas.

Este comentario captó indudablemente el interés de Émilie.

—¿Cómo lo sabes?

—Por *Hamlet*. Hay una interesante descripción de una apuesta que propuso el rey Claudio.

—¿De verdad? No lo he visto en la traducción de Voltaire.

—Tendrías que leer el original. La traducción de Voltaire tiene más que ver con su incomprensión que con el el diseño de Shakespeare.

Émilie sabía que Voltaire no era muy científico; las matemáticas le resultaban demasiado difíciles. Aunque era listo, tenía la atención de un niño de cinco años. En lugar de intentar entender, prefería las ocurrencias rápidas y entretenidas que aumentaban su fama de ingenioso entre los intelectuales de salón.

Yorick continuó con su explicación:

—Claudio organizó una apuesta sobre el resultado del duelo a espada entre Hamlet y Laertes. Era una brillante idea para evitar sospechas en el caso de que alguien descubriera que Hamlet había muerto por el veneno. Si se sabía que Claudio había apostado a favor de Hamlet, parecería inocente. Así que tenía que proponer una apuesta que tuviera sentido según las normas aceptadas en esos casos.

Era sabido que Laertes era un espadachín dos veces mejor que Hamlet, por lo que Claudio, actuando como corredor de apuestas, propuso un hándicap para igualar las posibilidades de que ganara Hamlet, manteniendo a la vez la equidad estadística. Escucha con atención porque fue una apuesta muy bien pensada. El duelo estaba fijado a doce ataques. Como Laertes era dos veces mejor que Hamlet, el hándicap era que ocho tocados de

Laertes equivalían a cuatro de Hamlet en un duelo de doce ataques. Ese resultado significaba que las probabilidades de ganar estaban equilibradas: sin riesgo no había ganancia. Por tanto, Claudio tenía que arriesgarse y apostar más a Hamlet para animar a otros apostantes, si no, nadie participaría en la apuesta. Claudio apostó seis caballos bereberes a que Hamlet ganaría por lo menos cinco ataques. Los otros igualaron su apuesta con seis espadas roperas francesas. Así la apuesta tenía doce objetos: seis caballos y seis espadas. Apostando a Hamlet, Claudio se arriesgaba más que los otros, por lo que dispuso su apuesta como «doce por nueve»: si ganaba se lo llevaba todo, es decir, las seis espadas y además se quedaba con sus seis caballos. Pero si Hamlet perdía, los otros se llevarían nueve cosas, es decir, tres caballos y se quedarían con las seis espadas. Este era el significado de «doce por nueve».

—¡Ah! —exclamó Émilie—. ¡Es realmente bueno! ¿Cómo se le pudo escapar esto a Voltaire?

—Pregúntaselo. Sospecho que Shakespeare conocía bien *El libro de los juegos de azar* de Cardano. Lo he visto en tu biblioteca.

—Sí, he aprendido mucho de ese libro sobre las apuestas. ¡Ese chico italiano entendía bien la cuestión!

—Permíteme que vuelva al encuentro en el cementerio. Verás, Hamlet representa a un intelectual brillante; entendía el mundo a su alrededor como un científico. Por otro lado, el sepulturero podía percibir el diseño superior en el que todos los acontecimientos terrenales están conectados.

Por lo tanto, podía ayudar a Hamlet, pero este tendría que demostrar que era capaz de aprender. Por eso el sepulturero le proporciona pistas. Pero, como he dicho, Hamlet es demasiado orgulloso y engreído para contemplar esa posibilidad.

Tras un breve descanso, Yorick prosiguió:

—Ahora mismo, tú estás en una situación similar a la de Hamlet. La información que has reunido debería interpretarse dentro de un diseño superior para encontrar las respuestas a tus preguntas. Recuerda que una parte del diseño no está completa sin las demás partes. En ese marco, las preguntas y las respuestas coexisten en una correspondencia de una a una. Tienes que determinar un marco así. Solo entonces podrás encontrar lo que estás buscando. Puedes pensar en ello como una escalera que une diversas energías, cada una más sutil que la anterior.

Ella se quedó callada; Yorick podía ver que estaba pensando profundamente.

Émilie sabía, por sus lecturas de comentarios bíblicos y otras fuentes místicas, que había una gran tradición de escritura oculta. En esos textos, los místicos, profetas u otros, que sentían que tenían acceso a un conocimiento poderoso, presentaban sus hallazgos con cierta codificación. «*¿Es posible*», se preguntó, «*que el mismo conocimiento fuera aplicable a la ciencia?*». Tras un largo silencio Émilie se levantó y dijo:

—Gracias, Yorick. Tengo que pensar en esto. Buenas noches y hasta mañana.

Y se marchó de la habitación.

***

Émilie llevó a cabo una serie de experimentos que la llevaron a determinar la energía de los objetos en movimiento. Fue la primera persona que formuló la ecuación de la energía cinética, en la que la energía es igual a la masa del objeto multiplicado por su velocidad al cuadrado. La «velocidad al cuadrado» que aparece en la famosa ecuación de Einstein $E=mc^2$, proviene directamente del trabajo de Émilie. Luego descubrió la ley de conservación de la energía, que proporcionó la base del determinismo científico moderno. No obstante, desarrolló el concepto de energía mucho más allá de lo que ha considerado la ciencia moderna. Postuló que todos los movimientos del mundo, incluyendo la aparición y desaparición de ciudades, naciones y civilizaciones, también debían estar controlados por la ley de la conservación de energía. Aunque se desmoronaran las culturas y sus habitantes se dispersaran, la cantidad total de «energía» nunca cambiaría. Para ella era evidente que nada desaparece por completo, que nada muere.

Más tarde, extendió su enfoque intentando ver el mundo físico con una perspectiva más amplia; consideraba que el mundo físico derivaba de un marco superior situado dentro de lo invisible. Esto la condujo a conclusiones mucho más profundas. Empezó a pensar sobre el libre albedrío. Se percató de que debía haber una forma de energía, distinta y más sutil, implicada en cómo operaba la mente humana. Dedujo que, si creábamos ideas, pensamientos y conceptos nuevos, estábamos inyectando una forma de energía que no existía antes; es decir, tenemos acceso a otras fuentes de energía más allá de lo que puede captar la ciencia determinista. Pero incluso esas energías más sutiles deben cumplir la correspondiente ley de conservación, lo que significa que la ley de conservación de energía, que ella misma había descubierto, tendría que limitarse a un contexto específico: su aplicación se ceñía a un determinado marco. Empezó a usar esta línea de razonamiento con la noción de materia.

Émilie presentó sus ideas sobre la noción de la materia en su *Lecciones de física* (*Institutions de Physique*), publicado en 1740. Utilizando su enfoque intuitivo, previó la estructura de la materia que los físicos descubrirían tiempo después. Dividió la materia física en tres partes: los objetos macroscópicos, que son perceptibles mediante la percepción sensorial; los átomos que componían esos objetos macroscópicos; y una sustancia subatómica, fuera del alcance de la percepción sensorial y las mediciones. (Los físicos actuales denomina a esta sustancia «vacío cuántico»). Pero cautamente recalcó que no había forma de saber cuántos niveles más de esa materia «invisible» existían realmente.

Émilie también predijo propiedades de la materia que solo fueron descubiertas doscientos años más tarde, en el marco de la mecánica cuántica. Insinuó que la materia podía adoptar dos formas: constante y variable. El primer tipo es el de las partículas. El segundo, que ella llamó objetos «posibles», corresponde a la moderna descripción de las partículas como ondas. Para existir, es decir, para aparecer como partículas, los objetos «posibles» necesitan una causa externa para manifestarse. Por consiguiente, la existencia de partículas era la realización de la posibilidad inherente en los objetos «posibles». (En mecánica cuántica, esa realización corresponde al «colapso» de la función de onda).

Su prematura muerte, el 10 de septiembre de 1749, no permitió a Émilie completar su trabajo. La mayor parte de él sigue siendo desechado o malinterpretado. Los comentaristas actuales tratan sus escritos como si fueran oscuras interpretaciones metafísicas e ignoran su importancia científica. Solo su traducción y comentario de *Philosophiæ Naturalis Principia Ma-*

thematica de Isaac Newton tuvo reconocimiento por parte de la comunidad científica. Publicado en 1759, todavía se considera como la traducción francesa estándar.

Retrato de Émilie de Châtelet (por Marianne Loir)

***

El trabajo de Émilie indica que las ideas reveladas inicialmente en la poesía mística y otras fuentes literarias estaban llegando a la comunidad científica, lentas pero seguras. No obstante, la tarea de avanzar el enfoque se dejó a otra persona. Todavía faltaban piezas del rompecabezas. Además, hacían falta más datos para cerrar el círculo entre la ciencia determinista y el enfoque perceptivo.

Ondas, resonancia y vibración

Si quieres encontrar los secretos del universo, piensa en términos de energía, frecuencia y vibración.

Nikola Tesla

¿Y cómo pueden ser de utilidad las canciones de los trovadores, los poemas del Poeta de la Perla, las obras de Shakespeare y algunas de las interpretaciones metafísicas de Émilie du Châtelet para resolver los problemas del Big Bang, las partículas elementales, la materia oscura, los agujeros negros y el entrelazamiento cuántico?

Necesitaremos una cosa más antes de conectar estas dos áreas de investigación: la determinista y la perceptiva. El eslabón que falta lo proporciona un experimento, aparentemente no relacionado, que llevó a cabo Ernst Chladni a principios del siglo XIX.

En ese experimento, se coloca una placa en forma de disco en un campo acústico oscilante, y se cubre con granos de arena. Cuando la placa se expone al campo acústico, aparecen en ella formas espectaculares.

Las diversas figuras las forman los granos de arena, que se alinean en las regiones de la placa que no vibran, y corresponden a los llamados nodos de las ondas estacionarias inducidas en la placa por el campo acústico. Las ondas estacionarias ocurren porque la placa está en resonancia con el campo acústico.

Un objeto –como una placa, un contenedor, una cuerda, etcétera– tiene unas frecuencias resonantes naturales que vienen determinadas por su forma, geometría, material y estructura interna. Al estar en resonancia con un campo oscilante externo, el objeto absorbe energía de ese campo y vibra con sus frecuencias naturales. Una oscilación relativamente pequeña del campo externo puede inducir grandes vibraciones en el objeto. En otras palabras, la resonancia actúa como receptor y amplificador de las oscilaciones del campo externo. Es el mismo principio que se estudia en el diseño de instrumentos musicales. Por ejemplo, las cuerdas y el cuerpo de un violín, el tubo de una flauta o la membrana de un tambor se usan como resonadores acústicos.

Patrones de Chladni en una placa metálica vibrante[21]

---

21 Patrones de Chladni publicados por John Tyndall en 1869 (https://www.physics.ucla.edu/demoweb/demomanual/acoustics/effects_of_sound/chladni_plate.html).

Es importante comprender que los patrones de la anterior ilustración son una representación parcial de los nodos y son solo una minúscula fracción de estructuras mucho más complejas, que son tridimensionales.

Patrones de Chladni tridimensionales[22]

Los nodos tridimensionales se pueden producir experimentalmente o modelar matemáticamente. En la imagen anterior se muestras algunos ejemplos.

Chladni usaba estos patrones para tabular todo el espectro de sonidos. Los patrones de Chladni equivalen a notas musicales, es decir, a un código empleado para representar sonidos mediante signos gráficos. Por ejemplo, las notas musicales de una sinfonía de Mozart equivalen a cientos y cientos de esos patrones tridimensionales de Chladni.

22 *Chladni Figures Revisited: A Peek Into The Third Dimension*, M. Skrodzki, et al. (https://www.researchgate.net/publication/319879322_Chladni_Figures_Revisited_A_Peek_Into_The_Third_Dimension).

Otra forma de patrones de Chladni
(notas musicales de la Sinfonía n° 40 de Mozart)

Por tanto, los patrones de Chladni describen la estructura del campo acústico. Las notas musicales son otra manera más comprimida de representarlo.

Hay otra forma de manifestación del campo acústico; esta tercera forma es aún más comprimida que las notas musicales. Los grandes compositores pueden percibir una pieza musical en su totalidad, en un momento. Así narra Mozart una experiencia semejante:

Cuando me siento bien y de buen humor, o cuando estoy paseando después de una deliciosa comida, o por la noche cuando no puedo dormir, mi mente se llena fácilmente de pensamientos. ¿De dónde vienen y por qué? No lo sé, y yo no tengo nada que ver con ello. ... Una vez que ten-

go mi tema llega otra melodía, que se enlaza con
la primera de acuerdo con las necesidades de la
composición como un todo: el contrapunto, la
parte de cada instrumento y todos los fragmentos
melódicos finalmente producen la obra comple-
tada. ... No me viene sucesivamente, con diversas
partes detalladas como ocurre más tarde, sino que
mi imaginación me permite oírla íntegramente en
su totalidad.[23]

La experiencia de Mozart es un ejemplo de manifestación
comprimida del campo acústico que está más allá del alcance
de los sentidos ordinarios tales como el oído o la vista.

Luego hay otra forma todavía más sutil de percibir «armonía musical». Los poetas místicos suelen referirse a esta
manifestación de la música como «armonía divina». He aquí
un ejemplo de ello:

Toda armonía proviene del trono del Eterno.
La música de las esferas es la armonía divina
y la armonía divina es la ley de la manifestación
    de la Unidad.
Como dicha ley es la única ley, debe ser, pues,
    la única armonía.

Observad la luz que ilumina el mundo;
observad la armonía de color que la compone.
Es la manifestación al alma del hombre
de la gloria del Eterno, la consciencia de su Unidad.
Escuchad la voz de su Consciencia,
es la armonía de la música,

23 *The Psychology of Invention in the Mathematical Field*, Jacques Hadamard, Princeton University Press, 1945, pág. 16.

el resonar de la gloria que se manifiesta.

Por ello, para el sabio, la música y el color
no son más que fases de la misma expresión
y el éxtasis de la alegría del color
y el sonido de la música encienden en su alma
emociones divinas,
mediante las cuales, durante un instante,
su alma siente como si un pálido reflejo de la
Consciencia Eterna pasara sobre ella.[24]

El poema alude a un nivel de manifestación de la «armonía de la música» que es mucho más completo que lo descrito por Mozart. Shakespeare se refería a ello como «la música que no se puede oír». Este nivel de percepción es equivalente a las experiencias inducidas por la *dama* de los trovadores y las descritas por el Poeta de la Perla. Esto significa que incluso un simple campo de ondas acústicas puede manifestarse en diversos niveles que forman una especie de estructura jerárquica.

En la parte superior de dicha estructura jerárquica está la fuente principal de armonía. Se halla situada en un campo invisible más allá de las dimensiones físicas. En esta forma la fuente corresponde a «música que no se puede oír», la cual, en su primera etapa, se proyecta al espaciotiempo en forma de un «Big Bang» miniaturizado, es decir un único punto en el tiempo y el espacio. Esta es la forma que pueden percibir los compositores de excepcional talento. En la siguiente etapa de su proyección, el mini «bang» se traduce a notas musicales, lo que permite la siguiente etapa de proyección en la cual las notas musicales se convierten en ondas acústicas. Finalmente, las

---

24 *The Mystic Rose from the Garden of the King*, Fairfax L. Cartwright, London, 1898, p. 275. (Versión en español *La rosa del jardín del rey*, Editorial Sufí, Madrid, 2001).

ondas acústicas pueden usarse para componer diversas formas físicas con granos de arena. Este tipo de proyección desde el mundo invisible al mundo físico es semejante al proceso de formación del universo. El universo tiene aspecto de disco, cuya forma está determinada por el espaciotiempo. El universo discoidal flota dentro de campos oscilantes invisibles. Esto es muy similar al experimento de Chladni; la diferencia es que, en el caso del universo, en lugar de los diversos patrones formados por granos de arena, los campos oscilantes invisibles forman todo tipo de objetos hechos de materia.

Los campos invisibles inducen ondas estacionarias dentro del espaciotiempo, las cuales, al rebotar en los límites del universo, forman diversos nodos de objetos físicos. Las formas de estos nodos están determinadas por los límites del universo y por la «frecuencia» de las oscilaciones. Cuando esta frecuencia aumenta, se producen formas más sofisticadas. En la siguiente etapa del proceso, los nodos se transforman en objetos físicos que, de este modo, aparecen en el espaciotiempo.

Como hemos visto en el comentario sobre *Sir Gawain y el Caballero Verde*, la estructura de la mente humana puede representarse mediante un pentáculo. En su forma original, las estrellas del pentagrama representan las diversas capas de la mente humana. De acuerdo con la fórmula «como es arriba, así es abajo», el pentáculo también puede emplearse para describir la estructura del universo físico. El siguiente diagrama muestra el pentáculo de la materia, es decir, perfila las cinco regiones principales de la estructura de la materia.

El pentáculo de la materia
- Estrella exterior: partículas elementales
- Primera estrella interior: átomos, moléculas
- Segunda estrella interior: galaxias
- Tercera estrella interior: planetas
- Punto interior: la Tierra

La estrella exterior del pentáculo representa las partículas elementales. La siguiente región contiene átomos y moléculas; a continuación, las galaxias y, después, los planetas. El punto en el centro del pentáculo corresponde al planeta Tierra.

Todo el pentáculo está abarcado por campos oscilantes invisibles, que pertenecen al mundo de las plantillas, es decir, están fuera de las dimensiones físicas. Las plantillas son el origen de los diversos nodos que aparecen dentro del espaciotiempo.

Este diagrama puede ayudarnos a entender mejor el concepto del Big Bang. Al principio del tiempo el origen de la materia estaba bajo la forma de un minúsculo punto (como el origen de la «música que no se puede oír»). Este punto contenía las formas comprimidas de las plantillas de todos los objetos físicos. El Big Bang se refiere al evento en el que ese minúsculo punto se expandió velozmente. Luego todas las plantillas se proyectaron al espaciotiempo y aparecieron con las distintas formas de materia, lo que significa que todas las plantillas de los objetos físicos existían antes del Big Bang. Marie Howe percibió intuitivamente la existencia de tales plantillas cuando escribió en su poema:

> solo un pequeño, pequeño, pequeño punto rebosante de
> *es es es es es*
> Todo   todas las cosas   hogar

De forma similar, los artistas visuales también han participado en el debate sobre algunos de los temas de la física moderna. Por ejemplo, la siguiente foto muestra la escultura de Gianfranco Meggiato, un escultor italiano contemporáneo.

La escultura llamada Esfera Cuántica se instaló temporalmente en el legendario Valle de los Templos, en Sicilia. Es una representación del universo en el que este es una esfera que flota en una red de campos bastante sofisticados. La descripción que acompaña a la escultura dice:

> La física o mecánica cuántica, conocida también como teoría cuántica, representa la evolución de la física tradicional y se centra en el comportamiento del microcosmos. Compuesta por billones de partículas, la materia contiene una cantidad definida de «cuantos»[25] conectados entre sí. Esto conlleva la consideración de un universo perfectamente organizado en el que todo está correlacionado y en perfecta armonía en el espacio y el tiempo, y todo desciende de Uno, del Principio.

---

25 N.T. Cuanto: cantidad indivisible de energía, proporcional a la frecuencia del campo al que se asocia.

Esfera Cuántica, de Gianfranco Meggiato expuesta en Sicilia,
el Valle de los Templos (fotografía de Dominique Hugon, 2021)

En una entrevista en la revista *Forbes*, el artista explicó su
visión del mundo:

> Estaba deseoso de abordar el Valle de los Templos de
> una manera nueva, haciendo un viaje al futuro conectan-
> do estos lugares con la física cuántica, intentando fusio-
> nar el arte y la ciencia como hizo Leonardo da Vinci.[26]

Puesto que los artistas están más abiertos a la comprensión intuitiva, les resulta más fácil percibir un panorama general del universo. Como podemos ver, la percepción artística
del mundo físico se acerca mucho a la verdadera estructura
del universo.

---

26 De una entrevista en Forbes, 16 de agosto de 2021 (https://www.
forbes.com/sites/stephanrabimov/2021/08/16/there-is-no-futu-
re-without-memory-sculptor-gianfranco-meggiato-on-the-social-lega-
cy-of-art/?sh=44361f755ce4).

Entrelazamiento

Toda la materia se origina y existe solo en virtud de una fuerza que hace vibrar la partícula de un átomo y mantiene unido este pequeñísimo sistema solar del átomo. Debemos suponer que detrás de esta fuerza existe una mente consciente e inteligente. Esa mente es la matriz de toda la materia.

Max Planck

Los campos invisibles dentro de los cuales flota el universo no son homogéneos. Más bien forman múltiples zonas que contienen las plantillas de los diversos objetos físicos y operan con diferentes «frecuencias». Cada una de estas frecuencias porta las plantillas de objetos que se proyectan al espaciotiempo y aparecen en el mundo físico.

Las partículas elementales son los objetos más pequeños del mundo físico; aparecen en un área muy próxima a la frontera de los campos invisibles. Debido a su cercanía con dichos campos, las partículas elementales son inestables: pueden aparecer tanto como partículas o como ondas. La física las clasifica como partículas cuánticas y están gobernadas por las leyes de la mecánica cuántica. Sirven como los bloques de construcción para sistemas más complejos.

Repasemos brevemente el estado actual de la física de partículas elementales, porque allí encontraremos más pistas sobre la estructura general de la materia.

El objetivo de la física de partículas elementales es desarrollar el llamado modelo estándar, que describe todas las partículas que han visto los físicos en los experimentos realizados en colisionadores de partículas. Desde los años 30 del siglo pasado, los científicos han usado los colisionadores para intentar entender la estructura de la materia. Estas máquinas son las herramientas experimentales más poderosas de las que puede disponer la ciencia. Por ejemplo, el Gran colisionador de hadrones en el Centro de investigación nuclear europeo (CERN), cerca de Ginebra, es un anillo de 27 kilómetros de imanes superconductores. Los colisionadores aceleran partículas casi a la velocidad de la luz y luego las hacen chocar, lo que permite a los físicos ver qué es lo que se produce con la colisión. Así se descubrió toda la familia de las partículas más pequeñas de materia.

Hay dos tipos de partículas elementales. Uno de ellos es el de las «partículas de materia», con las que se construye la materia, entre ellas los electrones, los bariones (protones y neutrones) y los quarks. Pero los quarks no son realmente partículas, son fracciones o fragmentos de partículas. Los quarks siempre aparecen como un conjunto que forma otras partículas; nunca se encuentran aislados. Son los componentes de otras partículas. Por ejemplo, para componer un protón o un neutrón hacen falta tres quarks. Son los elementos más pequeños de la materia; se demostró que son menores de 1 por 10^{-18} (0,00000000000000001) metros. Los colisionadores pueden medir partículas del tamaño de 1 por 10^{-20} metros, por lo que el tamaño de los quarks está casi al límite de la resolución de los mismos.

Aquí es interesante recordar que, de acuerdo con el principio de incertidumbre, hay un tamaño límite para una partícula de materia, que se conoce como la longitud de Planck (1,6 por 10^{-35} metros). Por debajo de ese límite no puede existir ningún elemento de materia. De forma que todavía queda mucho por explorar entre el tamaño de un quark y la longitud de Planck, por tanto, aún quedan posibilidades de descubrir una serie de elementos de la materia más pequeños.[27]

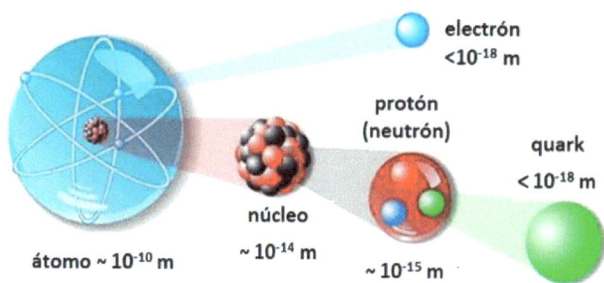

Los componentes más pequeños de la materia[28]

El segundo grupo lo forman las llamadas «partículas de fuerza», que median entre las fuerzas de la naturaleza y las partículas de materia. Los físicos han identificado tres fuerzas preponderantes en la región subatómica: la electromagnética, la radioactiva y la nuclear. Por tanto, hay tres tipos de partículas «de fuerza»: los fotones, los gluones y los bosones. Los fotones transmiten la fuerza electromagnética, los llamados bosones W y Z llevan la fuerza radioactiva, y los gluones transportan la fuerza nuclear.

27 En julio de 2022 los científicos del Centro de investigación nuclear europeo informaron del descubrimiento de combinaciones de cuatro y cinco quarks jamás vistas anteriormente.
28 https://slideplayer.com/slide/12700821/

Por ejemplo, un protón se compone de tres quarks que están «pegados» por gluones.[29]

Para completar el modelo, los físicos requerían una partícula más, que llamaron bosón de Higgs o «partícula de Dios», necesaria para proporcionar masa a las partículas de materia. En julio de 2012 se anunció el descubrimiento del bosón de Higgs, cumpliendo una predicción hecha cuarenta y cinco años antes, atrayendo la atención de todo el mundo y lanzando a los físicos a un estado de euforia.

No obstante, incluso con el descubrimiento del bosón de Higgs, el modelo estándar no incluye la gravedad, la cuarta fuerza de la naturaleza. La gravedad no es compatible con la mecánica cuántica. Se cree que debe haber una partícula responsable de la gravitación, que se ha denominado «gravitón». Pero todavía no ha sido encontrada. Sin el gravitón no se puede resolver el problema de la compatibilidad de la gravedad con la mecánica cuántica, lo que supone un serio problema para los físicos de partículas elementales. A pesar de haber trabajado intensamente en el modelo estándar durante casi un siglo, los físicos han llegado a un punto muerto. El modelo estándar no puede ser la teoría final de la materia porque excluye la gravedad.

***

Los átomos, las moléculas y los minerales aparecen en una región más alejada de la frontera de los campos invisibles. Se componen fundamentalmente de protones y neutrones, los cuales forman lo que se llama «materia bariónica». Debido a que las estructuras bariónicas están localizadas más lejos del límite con los campos invisibles, tienen propiedades diferentes

---

29 N.T. Pegamento en inglés es «glue».

a las de las partículas cuánticas. Ya no manifiestan dualidad, son estables.

Las estructuras bariónicas están sometidas a la fuerza electromagnética y a la de la gravedad. En las estructuras bariónicas más grandes, la gravedad se antepone a las leyes de la mecánica cuántica. Y esta es una observación crucial que, de alguna manera, ha sido ignorada por los físicos. Impulsados por su *creencia* determinista, los físicos supusieron que todos los objetos físicos debían obedecer las leyes de la mecánica cuántica. Pero hay una diferencia fundamental entre las partículas cuánticas y los objetos bariónicos. Las partículas cuánticas son básicamente ondas; se comportan y viajan como ondas. Una onda no puede confinarse en un solo punto, su estado no puede determinarse con precisión, solo se puede lograr una aproximación. Así que parece bastante obvio que la función de onda que describe las partículas es probabilística e incierta. Por otro lado, la materia bariónica corresponde al estado de funciones de onda colapsadas de manera permanente o cuasipermanente. En este estado «colapsado», la materia bariónica ya ha sido «medida» u «observada», es decir ha sido convertida desde su forma de onda. Por tanto, el mencionado «problema de medición cuántica» no es aplicable a la materia bariónica. En otras palabras, las conclusiones formuladas por la mecánica cuántica no son aplicables a los gatos o a las galaxias. La ambigüedad cuántica aparece porque los físicos insisten en que todos los objetos son ondas y se comportan como las partículas cuánticas. Tal insistencia determinista fue el origen de todas las paradojas con gatos, pólvora y otros supuestos «misterios» de la mecánica cuántica.

Como veremos, la materia bariónica está gobernada por un mecanismo diferente.

***

Las estructuras más pequeñas en la región bariónica son los átomos, que consisten en una nube de electrones que orbitan alrededor de un núcleo. El núcleo está hecho de protones y neutrones, es decir, bariones. La estructura global del átomo está mantenida por la fuerza electromagnética. Lo que resulta de especial interés para nuestro tema es que cada electrón adquiere características únicas dentro de un átomo. Concretamente, para describir a cada electrón hay cuatro números cuánticos diferentes, que se denominan: principal, azimutal, magnético y espín (ver la siguiente ilustración).

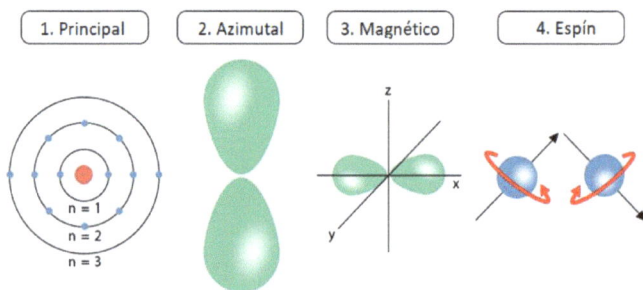

Números cuánticos[30]

Principal: determina la distancia del electrón al núcleo
Azimutal: determina la forma de la órbita del electrón
Magnético: determina la orientación de la órbita del electrón
Espín: determina la orientación del eje de rotación del electrón

Según el principio de exclusión de Pauli, dos electrones dentro de un átomo no pueden tener valores idénticos de esos cuatro números cuánticos.

Lo que esto significa es que, dentro de la estructura de un átomo, cada electrón es único. Puede decirse que, en un átomo, todos los electrones son «conscientes» de su propio estado y de los estados de todos los demás electrones. Esto es

30 https://www.chemistrylearner.com/quantum-numbers.html

lo que se llama entrelazamiento cuántico. Es decir, el principio de exclusión de Pauli es la consecuencia del entrelazamiento cuántico.

En la literatura científica se suele afirmar que es posible que una pareja de electrones mantenga su entrelazamiento aunque estén a años luz de distancia. Medir una propiedad de uno de ellos, por ejemplo el espín, afecta instantáneamente a la medición de su compañero. Un electrón solo puede tener dos valores de espín: espín arriba o espín abajo. Si el espín de un electrón entrelazado es arriba, el otro electrón lo tendrá abajo. Puede compararse a tirar monedas al aire, donde hay tres posibles opciones cuando caigan: dos caras, dos cruces o una cara y una cruz. No obstante, en el caso de dos electrones entrelazados, si el espín de uno de ellos está arriba, el otro invariablemente se encontrará abajo. Esta extraña conexión entre dos electrones parece vulnerar las leyes conocidas del universo, pero los experimentos de laboratorio confirman su realidad cada día. Los fotones tienen un comportamiento similar. El premio Nobel de física de 2022 se otorgó a un trío de físicos cuyos experimentos a lo largo de los años habían demostrado la existencia de esta «espeluznante acción a distancia». No obstante, el comité del premio Nobel fue muy cauto redactando la nominación, que enfatizaba que el premio no era tanto por explicar la naturaleza del entrelazamiento sino más bien «por experimentos con fotones entrelazados». En la actualidad este fenómeno es tan desconcertante como hace setenta y cinco años.

La descripción expuesta en el capítulo anterior indica que no será posible explicar la naturaleza del entrelazamiento cuántico mientras no se incluyan los campos invisibles en el modelo de materia.

El entrelazamiento cuántico de partículas se facilita mediante su plantilla común, que está situada en esos campos invisibles, es decir, fuera del espaciotiempo. Por ello, la conexión no es tanto entre partículas, sino que los electrones están conectados indirectamente a través de su plantilla común, lo que posibilita ese «vínculo sin vínculo». El entrelazamiento cuántico pone de manifiesto esa conexión indirecta o «nolocal».

A través de su plantilla común las partículas forman un todo, es decir, una entidad. El entrelazamiento cuántico es una manifestación de esa «totalidad», un vínculo entre lo visible y lo invisible. Por eso es posible observar una conexión instantánea entre partículas.

Plantilla

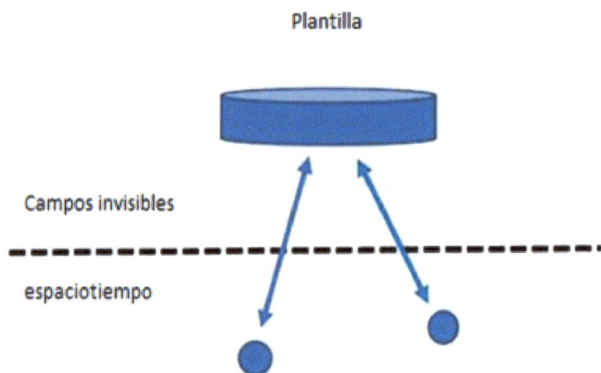

Entrelazamiento cuántico entre dos partículas
(el vínculo sin vínculo)

La existencia de una plantilla común también ayuda a explicar otras formas de entrelazamiento. Se demostró que el entrelazamiento cuántico podía extenderse de un par de partículas entrelazadas a otras partículas. Por ejemplo, supongamos que dos partículas entrelazadas se han separado y se han colocado en ubicaciones diferentes. Es posible entrelazar una tercera partícula con cualquiera de las dos, no importa cuál: el resultado es que las tres se entrelazan. Lo que significa que la tercera partícula se entrelaza con otra con la que jamás ha estado en contacto. ¡Están entrelazadas aunque nunca se han encontrado! Es una especie de efecto de grupo: un miembro individual de un conjunto entrelazado puede entrelazar a otra partícula. En consecuencia, la partícula entrelazada se entrelaza con todos los miembros del grupo; están conectados por su plantilla común situada fuera del espaciotiempo. La naturaleza y mecanismo de este misterioso efecto es lo que les causa tantos problemas a los físicos. Pero en cuanto se capta el concepto de la plantilla común, desaparece todo el misterio del entrelazamiento.

Aquí sería interesante señalar que el mencionado «efecto de grupo» fue descrito por primera vez de forma simbólica en las obras de Shakespeare. Como se ha dicho anteriormente, antes de las obras de Shakespeare los protagonistas principales de la poesía mística eran un amante y su amada, es decir, una pareja. Pero en la presentación de Shakespeare la dama ... se divide en cuatro aspectos. Todos los cuatro aspectos están entrelazados, igual que pueden entrelazarse un grupo de partículas. Hay que añadir que la posibilidad de entrelazamiento grupal de fotones es lo que permite construir ordenadores cuánticos. Así que no sería muy descabellado decir que el concepto general en el que se basan los ordenadores cuánticos se indicó por primera vez en el teatro de Shakespeare.

Cristales conscientes

Lo que parece ser la verdad
es una distorsión mundana de la verdad objetiva.

Hakim Sanai

De las partículas elementales y los átomos, nos vamos ahora a la región de la materia correspondiente a las moléculas, los minerales y los cristales. Estos sistemas, en especial los cristales, muestran unas propiedades asombrosas que podemos explicar con ayuda del modelo de estructura de la materia comentado anteriormente.

Un cristal es un material sólido cuyos componentes están dispuestos según un patrón extraordinariamente simétrico y ordenado, que se repite. Los componentes de las retículas cristalinas son átomos, iones o moléculas. Se observan dos tipos de simetría, la traslacional y la rotacional. La traslacional significa que toda la estructura se repite cuando una celdilla se mueve arriba, abajo, a la derecha o a la izquierda. En la simetría rotacional, la celdilla tiene el mismo aspecto después de una rotación. Lo interesante es que, durante muchos años, se creía que, en la naturaleza, solo se podían observar ciertas simetrías rotacionales. A pesar de que hay miles de posibles disposiciones, los cristales solo podían tener una simetría rotacional de orden dos, tres, cuatro o seis. Lo que significa que la forma de las células de cristal solo sería igual si el cristal se giraba 180, 120, 90 o 60 grados. Parecía que, por razones desconocidas, la naturaleza no permitía otras disposiciones. Y la teoría del crecimiento del cristal conocida no podía explicar la preferencia de las retículas cristalinas por esas simetrías.

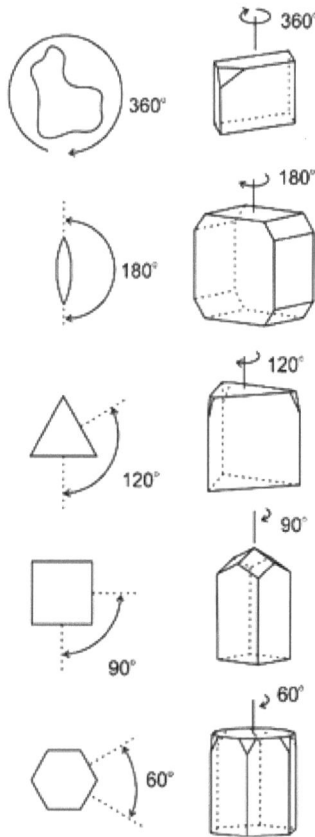

Simetría rotacional[31]

La teoría aceptada del crecimiento del cristal supone que la estructura reticular se forma por moléculas que buscan la configuración que requiera menor energía para ensamblarse. La siguiente figura lo muestra esquemáticamente.

31 https://opengeology.org/Mineralogy/10-crystal-morphology-and-symmetry/

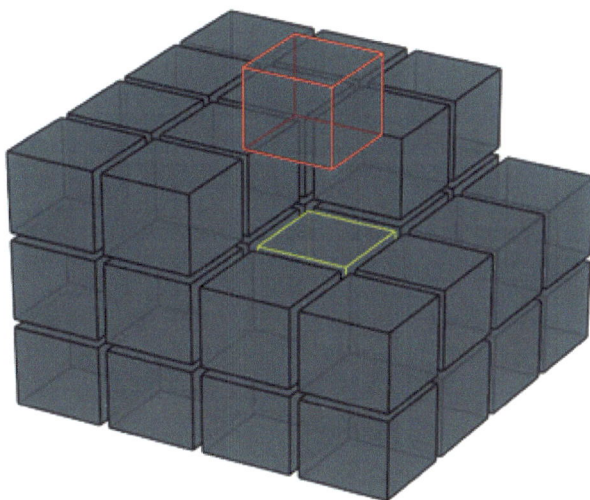

Crecimiento del cristal[32]

El dibujo muestra una estructura simple formada por moléculas cúbicas. Como puede verse, la capa superior de la retícula está incompleta porque, de las dieciséis posiciones, solo diez están ocupadas. Una nueva molécula (mostrada con bordes rojos) se une al cristal, incorporándose a la retícula en el punto que requiere el mínimo de energía. Este punto se halla en la esquina de la de la capa superior incompleta (sobre la molécula mostrada con bordes amarillos). En esta posición, la energía necesaria para mantenerla en su sitio será mínima porque la molécula está sostenida por tres vecinas (una debajo, otra a su izquierda y otra a la derecha). Todas las demás posiciones solo tienen dos vecinas. Según esta teoría, el crecimiento del cristal se lleva a cabo añadiendo moléculas de una en una.

32 https://en.wikipedia.org/wiki/Crystal_growth

Sin embargo, la forma de entender el crecimiento del cristal se vio cuestionada cuando se descubrió un nuevo tipo de estructura cristalina. Las nuevas estructuras se denominaron cuasicristales porque, cuando se descubrieron, estos materiales eran termodinámicamente inestables: al calentarse se transformaban en cristales normales. Más tarde se descubrieron muchos cuasicristales estables, con lo que fue posible obtener muestras grandes para su estudio y aplicación.

Los cuasicristales son tipos de disposiciones cristalinas de moléculas con una estructura muy ordenada, pero no periódica. Un patrón cuasicristalino puede llenar continuamente el espacio disponible, pero carece de simetría traslacional, lo que significa que, a diferencia de los cristales normales, una copia volteada nunca será exactamente igual que el original.

Con frecuencia se usa la analogía de embaldosar el suelo de un cuarto de baño para explicar las propiedades de estos materiales. Para cubrir todo el suelo solo encajan determinadas formas de baldosas o teselas: pueden emplearse rectángulos, triángulos, cuadrados o hexágonos. Cualquier otra forma simple dejaría un hueco. Esta característica de teselado es consistente con la simetría natural de los cristales normales. Sin embargo, se descubrió que los cuasicristales tienen una estructura ordenada pero no se repiten con intervalos regulares. En lugar de eso, los cuasicristales parecen estar formados por diversas estructuras ensambladas en una disposición que no se repite. En consecuencia, es posible tener una simetría rotacional de orden cinco o diez. Resulta que es posible lograr cualquier simetría rotacional. Por tanto, con cuasiperiodicidad, toda una nueva clase de sólidos es posible.

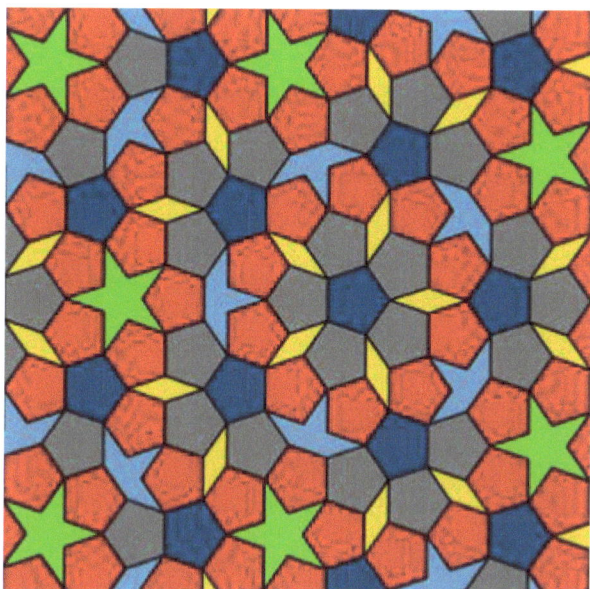

Teselación de Penrose (un conjunto de seis baldosas prototipo: verde, rojo, amarillo, azul claro, gris y azul oscuro)[33]

Lo interesante es que los matemáticos fueron los primeros en estudiar la posibilidad de la existencia de esas estructuras cuasiperiódicas. Roger Penrose publicó un trabajo en 1974 en el que se describían estructuras desarrolladas teóricamente (ver imagen superior). Estas inusitadas estructuras se denominaron «teselaciones de Penrose». En 1982 se avivó el interés en esas estructuras. Ese año, Danny Shechtman, de la universidad Technion de Israel, descubrió que ciertas aleaciones metálicas mostraban una simetría muy inusual. Al examinar una mezcla de aluminio y manganeso, una aleación con potenciales usos aeroespaciales, Shechtman descubrió que los átomos estaban organizados según un patrón que no podía repetirse mediante ninguna traslación, pero, a la vez, tenían una simetría rotacional de orden cinco. Las leyes conocidas de la química prohibían tal estructura. Shechtman los llamó cuasicristales.

33 https://en.wikipedia.org/wiki/Penrose_tiling#/media/File:Penrose

Al principio, Shechtman no se atrevía a publicar sus datos debido a la hostilidad de otros científicos. Cuando informó sobre ellos fue ridiculizado y sermoneado repetidamente por otros que se basaban en la cristalografía. Por ejemplo, Linus Pauling, ganador de dos Premio Nobel, dijo: «No existen los cuasicristales, solo los cuasicientíficos». Pasaron algunos años antes de que otros investigadores confirmaran los descubrimientos de Shechtman. En 2011, Shechtman recibió el Premio Nobel de química. El comité del Premio Nobel declaró que «su descubrimiento de los cuasicristales reveló un nuevo principio para disponer átomos y moléculas» y señaló que esto «produjo un cambio de paradigma en la química».

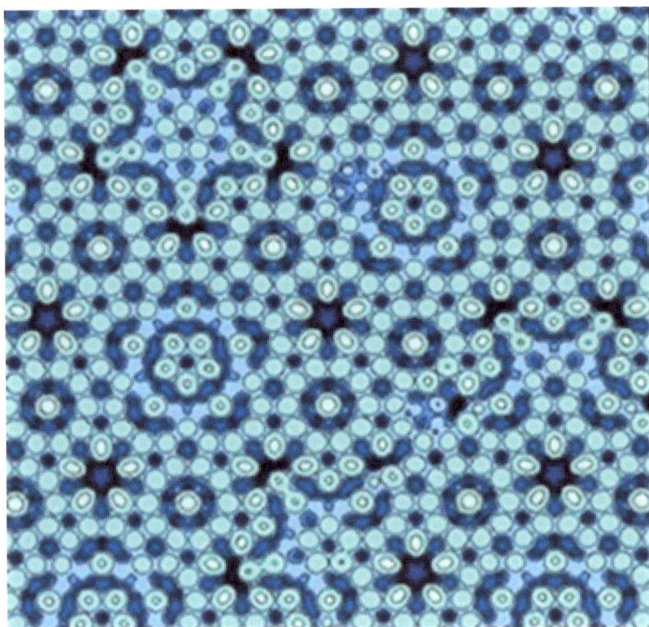

Cuasicristal de aleación plata-aluminio (simetría de orden cinco)[34]

34 https://upload.wikimedia.org/wikipedia/commons/5/5d/Quasi-crystal1.jpg

Aunque los pentágonos de la imagen superior no pueden ensamblarse como los cuadrados y los triángulos, los huecos se llenan con otras formas atómicas.

En 2013, el Servicio Postal de Israel emitió un sello dedicado a los cuasicristales y al Premio Nobel de 2011.

Sello en conmemoración del descubrimiento de los cuasicristales

Hay otro aspecto interesante de estas estructuras cuasiperiódicas: se encontró el mismo tipo de patrones en el diseño de los mosaicos medievales islámicos del siglo XIII en el palacio de la Alhambra, en España, y en el mausoleo Darb-i Imam, del siglo XV, en Irán. En 2007 Peter Lu, de la universidad de Harvard, y Paul Steinhardt, de la universidad de Princeton, descifraron los patrones de los diseños de mosaicos. La comunidad científica se sorprendió mucho al descubrir que estos diseños incluían teselaciones de Penrose. Estos diseños de mosaicos han ayudado a los científicos a comprender qué aspecto tienen los cuasicristales a nivel atómico. En esos mosaicos, igual que en los cuasicristales, el patrón que nunca se repite surge del número irracional que está en el fondo de su diseño: se trata del famoso número conocido como la proporción áurea.

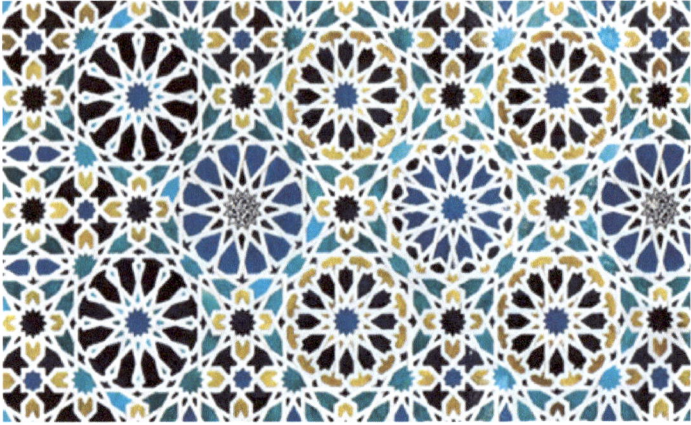

Mosaico en el palacio de la Alhambra, España

Pórtico del mausoleo Darb-i Imam
con patrones del estilo de los cuasicristales

Los primeros cuasicristales fabricados por humanos fueron subproductos de la prueba nuclear Trinity en Alamogordo, Nuevo México, en 1945. La prueba produjo cuasicristales con forma de icosaedros. Pero pasaron desapercibidos en ese momento. Solo se identificaron en 2021. Son los cuasicristales conocidos más antiguos hechos por el ser humano. Los mismos cuasicristales se encontraron en un espécimen conocido como Khatyrka, un meteorito encontrado en Rusia.

Las investigaciones sobre los cuasicristales mostraron que su ensamblaje no podía lograrse simplemente añadiendo moléculas de una en una. Se sugirió que el proceso de crecimiento de los cuasicristales era necesariamente no-local. Penrose propuso un posible mecanismo para su formación, durante la cual está implicado un elemento mecánico-cuántico no-local sin identificar.[35] Tal proceso requiere el esfuerzo cooperativo de gran cantidad de moléculas a la vez. Aunque es un poco imprecisa, esta propuesta indica con claridad que el crecimiento de los cuasicristales no se puede conseguir añadiendo moléculas de una en una, lo que significa que la teoría existente del crecimiento de cristales no puede explicar el proceso de manera satisfactoria.

No obstante, la conclusión principal del estudio de los cuasicristales es una característica que los científicos cuidadosamente evitan expresar. A saber, que las moléculas individuales que forman los cuasicristales son claramente «conscientes» del diseño general de toda la retícula. En otras palabras, las moléculas están entrelazadas. En segundo lugar, e igualmente importante, este tipo de «consciencia» difiere de la observada en el caso del entrelazamiento cuántico, en el que hay una especie de consciencia entre los electrones (partículas cuánticas) y una estructura atómica. En el caso de los cuasicristales, las moléculas (estructuras bariónicas) son conscientes de la totalidad de la estructura del cristal, que es un sólido. Por tanto, en este caso, se trata de un entrelazamiento entre la materia bariónica y la plantilla correspondiente situada en una zona superior de los campos invisibles. El mencionado elemento no-local sin identificar es la plantilla bariónica, pero no es un elemento mecánico-cuántico.

Los cuasicristales demuestran el entrelazamiento en la escala de los sólidos. Es decir, son ejemplos de sólidos «conscientes». Y esta afirmación es una respuesta adecuada al poema de Marie Howe citado al principio de este libro: «¿Pueden

35 *The Emperor's Mind*, Roger Penrose, Oxford University Press, Nueva York, 1989, pág. 436.

recordarlo las moléculas?». Sí, las moléculas pueden recordar algunas cosas. También son «conscientes» de su naturaleza bastante sofisticada.

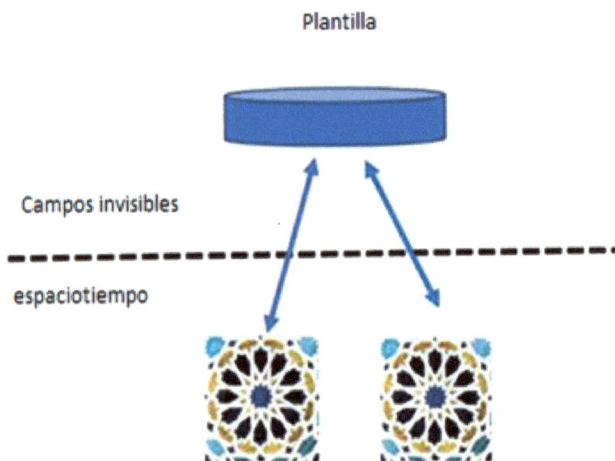

Entrelazamiento de cuasicristales

Nuestro comentario sobre los cuasicristales nos ha llevado a lo largo del espectro de la materia, desde las partículas elementales hasta los sistemas construidos con un ensamblaje de moléculas. Esto significa que estamos en una región controlada por una zona distinta de los campos invisibles, en la cual se sitúan las estructuras bariónicas.

La fuerza implicada en la proyección de estructuras bariónicas al espaciotiempo es diferente de la que actuaba en el caso de las partículas cuánticas. Hay, por tanto, otra forma de «consciencia», que podría llamarse entrelazamiento bariónico, que se manifiesta por la «consciencia» que tienen las moléculas del diseño general del que forman parte. Y este tipo de relación puede observarse en todos los objetos bariónicos.

Materia compleja

Ahora quieres cruzar el agua:
lo conseguirás de otra manera.

Poeta de la Perla

Antes de completar este modelo de la materia, es necesario explicar otro aspecto que está relacionado con la interacción o comunicación entre las diversas plantillas y sus derivados físicos; porque debe haber un mecanismo o fuerza que proyecte las plantillas invisibles al espaciotiempo físico. Los físicos no han identificado todavía esa fuerza. Algunas partículas tienen que facilitar tal proyección, igual que las «partículas de fuerza» median entre las fuerzas físicas y otras partículas elementales. Sin embargo, estas partículas no pueden ser partículas ordinarias; deben de ser de una clase completamente distinta.

En este punto, la *dama* de los trovadores y el Poeta de la Perla pueden ser de gran ayuda.

Recordemos que la dama de los trovadores proporcionaba un puente que permitía ... cruzar desde el mundo físico al invisible. Por eso los trovadores no describen la forma física de la dama; era «imaginaria». En cambio, esas canciones de amor relatan el efecto que tenía en su amante. La heroína de *Perla* fue mucho más lejos, proporcionando detalles adicionales sobre la estructura del mundo invisible: indicó que había cierta frontera entre ambos mundos. Esta frontera tenía forma de arroyo (ver ilustración en la página 73). Además, ella podía cruzarla y aparecer en los dos mundos. La doncella permitió que el poeta viera la frontera y el dominio tras ella; pero el poeta no podía cruzar el arroyo:

Ahora quieres cruzar el agua:
lo conseguirás de otra manera.

La frontera señala la transición entre lo visible y lo invisible; separa el mundo fenoménico del mundo oculto de las plantillas. En *Perla*, Nuevo Jerusalén, que representa al mundo de las plantillas, está al otro lado del agua.

Los físicos actuales se encuentran en una situación análoga a la del poeta de la Perla. Cruzar «el agua» equivale a cruzar el límite de Planck y entrar en una zona dentro del mundo de las plantillas. La única diferencia entre estos dos ejemplos es que se sitúan en dos zonas distintas del mundo invisible. Todo lo que está cerca del límite de Planck pertenece a la zona más baja, mientras que Nuevo Jerusalén pertenece a la zona más elevada del mundo de las plantillas, lo que significa que las plantillas de las partículas cuánticas están en la parte inferior del mundo invisible.

Cuando los físicos intentaron simular la «nada», llegaron al cruce del «agua». Recordemos que la «nada» o un vacío cuántico es una región con burbujeantes campos invisibles dentro de los cuales diversas formas de futuras partículas elementales aparecen y desaparecen. La siguiente imagen es una captura de pantalla de un vídeo que muestra semejante simulación de partículas virtuales.

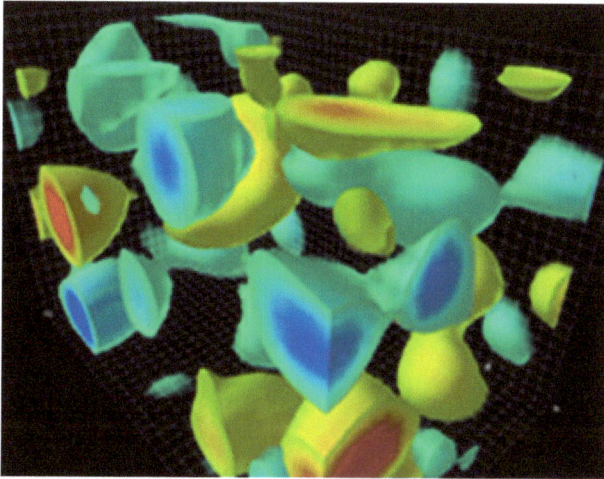

Visualización de la nada cuántica[36]

Modelar la «nada» supone un momento extraordinario en la historia de la ciencia. Aunque los físicos no lo reconocen como tal, es el primer intento de modelar algo que es ... imaginario; es decir, algo que no contiene materia física. Es un primer paso que conduce a la ciencia perceptiva.

Los físicos todavía creen que todos estos burbujeantes campos de «nada» son una entidad física y que, junto a las partículas elementales, constituye un sistema completo necesario para explicar la creación de la materia. Entenderlo de este modo equivale al intento de cruzar el agua del Poeta de la Perla. La respuesta de la doncella al poeta es igualmente aplicable a los físicos de partículas elementales: «lo conseguirás de otra manera». En otras palabras, hay otra forma de tender un puente entre las partículas elementales y la fuente de la materia.

La comparación con las experiencias descritas en *Perla* nos permite extrapolar más información sobre la nueva familia de partículas indispensables para completar el modelo de

36 https://en.wikipedia.org/wiki/Quantum_fluctuation

materia. Como hemos mencionado antes, estas partículas son necesarias para relacionar el mundo físico con el mundo de las plantillas: deben conectar ambos mundos.

Volvamos a las experiencias del Poeta de la Perla. La situación general ilustrada en *Perla* es un encuentro entre mundos físicos y no físicos. El punto principal de esta descripción es que la heroína de *Perla* hace de vínculo entre ambos mundos. La cuestión importante en la que hay que fijarse es que sus apariciones son diferentes, dependiendo del mundo en el que esté presente. Cuando está en el mundo físico, el poeta la ve como una *perla* preciosa. Cuando está en el otro, aparece como una *doncella*. Y esta pista ayuda a determinar la forma de las partículas que faltan para conectar los mundos invisibles y el físico. La pista es que tales partículas deben existir en dos formas al mismo tiempo. Una forma es física; la otra es «imaginaria», es decir, se encuentra fuera de las dimensiones físicas.

¿Cómo podría esto ser posible?

Resulta que semejante dispositivo científico, consistente en dos formas, una «real» y otra «imaginaria», se conoce desde el siglo XVI. Lo descubrió Cardano, el matemático italiano de cuyo libro aprendió Émilie du Châtelet sus habilidades en el juego. Este dispositivo son los «números complejos» que se componen de dos partes; una parte llamada «real» y la otra «imaginaria». En la notación de los números complejos, la entidad compleja es la suma de ambas partes:

Entidad compleja = parte real + parte imaginaria

Los números complejos ayudaron a resolver muchos cálculos en matemáticas y física. Sin embargo, hasta el momento no se han usado en una aplicación en la que una parte era verdaderamente imaginaria, es decir, pertenecía al mundo invisible. Se diría que hasta ahora los números complejos eran una solución a la espera de un problema. Algo similar ocurrió cuando se inventó el láser, al que también se apodó «una solución a la espera de un problema» porque no parecía haber una aplicación que necesitara un dispositivo así. Se tardó algún tiempo en desarrollar y dominar las aplicaciones del láser. La mismo ocurre ahora con los números complejos. Se han aplicado ampliamente, pero no eran realmente necesarios. Sin embargo, ahora ha aparecido un problema que los requiere.

Las partículas que comunican el mundo físico con el de las plantillas son «complejas»; se componen de dos partes. Una partícula compleja debe tener un componente real y otro imaginario. Por eso es tan difícil explicar el origen de las partículas elementales y la materia. No debía sorprender, por tanto, que, como dijo el profesor David Tong, «aún estamos muy lejos de entender». Porque, en este caso, el componente «imaginario» es genuinamente imaginario, no contiene materia física. Eso significa que no se puede medir directamente. En cambio, la parte «real» sí puede medirse. Pero la partícula compleja no puede estar completa sin la compañera imaginaria.

Podemos darnos cuenta ahora de que lo que los físicos llaman «nada» o vacío cuántico es una interfaz entre lo visible y lo invisible. La «nada» contiene la parte imaginaria de las partículas complejas. Es decir, esos «campos burbujeantes» contienen las partes imaginarias de las partículas complejas que permitirán completar la conexión entre lo visible y lo invisible.

Ahora se nos plantea la siguiente pregunta: ¿qué constituye la parte «real» de estas partículas complejas?

Una parte imaginaria debe emparejarse con la correspondiente parte «real» para formar una partícula compleja. Por tanto, la parte «real» debe ser como... un fragmento o fracción de partícula. ¿Existen ese tipo de partículas entre las descubiertas por los físicos en el mundo cuántico?

Sí, existen.

Como hemos indicado antes, los quarks son ejemplos de partículas fragmentadas o fraccionarias que se conocen desde hace algún tiempo. Hay seis tipos o sabores de quarks: arriba, abajo, fondo, cima, encanto y extraño.

La existencia de los quarks la sugirió Murray Gell-Mann, un físico estadounidense que recibió el Premio Nobel de Física en 1969 por su trabajo en la teoría de las partículas elementales. El imaginativo nombre de «quark» lo tomó Gell-Mann de una frase de la novela de James Joyce *Finnegan's Wake*: «Tres quarks para Muster Mark».

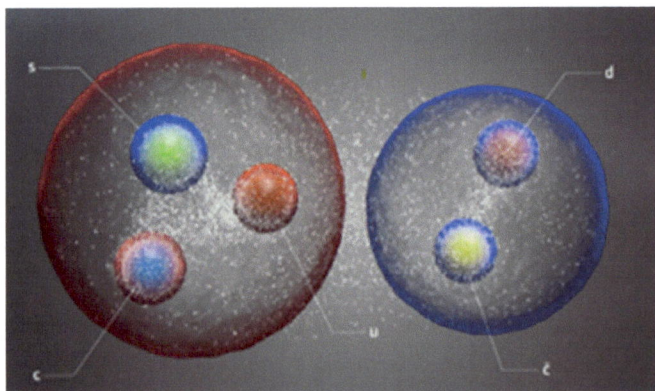

Un pentaquark recién descubierto[37]

Hasta el momento, los físicos han tratado a los quarks igual que a las demás partículas.

Los quarks tienen unas propiedades muy inusuales. Por ejemplo, su carga eléctrica también es fraccionaria: un tercio o dos tercios de la del electrón. Su propiedad fraccionaria se ilustra bien en la imagen anterior de un pentaquark, una partícula descubierta en el Gran Colisionador de Hadrones en julio

37 https://www.iflscience.com/three-new-particles-discovered-by-the-large-hadron-collider-64335

de 2022. El pentaquark se compone de cinco quarks: un quark encanto (*c*), un antiquark encanto (*c̄*), un quark arriba (*u*), un quark abajo (*d*) y un quark extraño (*s*).

Su naturaleza fraccionaria indica que los quarks, o partículas similares aún por descubrir, son los compañeros de esas partes imaginarias que residen en la «nada». Por tanto, una partícula compleja se compone de una partícula de tipo quark y una parte imaginaria. Y son estas partículas complejas las que facilitan la formación de la materia física. Todas las demás partículas están conectadas con las plantillas invisibles a través de los *quarks*.

Esto significa que solo las partículas de tipo quark están vinculadas directamente con el vacío cuántico. A pesar de ser fraccionarias, son las primeras formas de la materia física. Las otras partículas elementales se construyen con ellas; son sus derivados. Las partículas de tipo quark adquieren su forma material en cuanto traspasan el límite de Planck y entran en el mundo físico. Podemos ver ahora que el límite de Planck señala la frontera entre lo «real» y lo «imaginario».

Así pues, se necesita una estructura de tres capas para traer la materia al espaciotiempo (ver el siguiente diagrama). El vacío cuántico o «nada» actúa como interfaz entre el mundo de las plantillas y el mundo cuántico. Por tanto, la «partícula de Dios» no es el bosón de Higgs; las que crean la materia son las partículas complejas, mientras que el bosón de Higgs da masa a las partículas de materia. Las partículas complejas son los elementos cruciales del proceso de convertir «nada» en materia, y son ellas las que llevarán a la física más cerca de ... la realidad «compleja». Parece que habrá que reescribir el modelo estándar para que tenga en cuenta esta realidad.

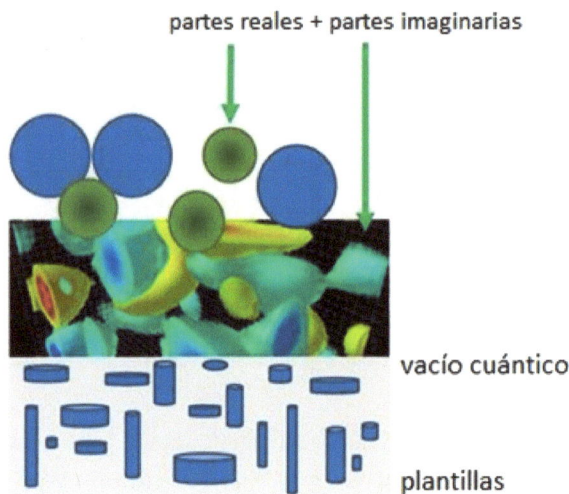

partes reales + partes imaginarias

vacío cuántico

plantillas

Igual que en el caso de las partículas elementales, hay dos grupos de partículas complejas. Uno incluye las partículas complejas necesarias para crear las formas más elementales de materia que facilitan el «nacimiento» de la materia, es decir, convierten los «burbujeantes» campos de la «nada» en partículas de tipo quark. Estas partículas complejas están restringidas al vacío cuántico.

El otro grupo de partículas complejas es necesario para intervenir en la forma general de las estructuras bariónicas, por ejemplo, los átomos, las moléculas, los cristales, los sistemas planetarios y las galaxias. Por tanto, se requieren otras interfaces para facilitar tales proyecciones. Todas las interfaces contienen partículas imaginarias y desempeñan el mismo papel para las estructuras bariónicas que la «nada» para las partículas de tipo quark. La diferencia es que la «nada» facilita la creación de materia, mientras que las interfaces bariónicas imponen las formas de la materia; son, por tanto, las fuerzas que controlan las formas de los objetos físicos.

¿Y qué hay de los componentes «reales» de las interfaces bariónicas? Después de todo, las formas imaginarias contenidas en esas interfaces necesitan a sus compañeras fragmentarias para cerrar el bucle entre lo visible y lo invisible. Así que, ¿qué son y dónde están esos componentes fragmentarios «reales» necesarios para dar forma a todo en el universo físico?

La respuesta a esta pregunta es sorprendentemente simple.

Todo objeto físico se construye con partículas de tipo quark. Ahora sabemos que cada una de estas partículas es inseparable de su parte imaginaria. Esto significa que todos los objetos físicos, incluyendo los átomos, las moléculas, los cristales, los planetas, las galaxias, las plantas, los animales y los humanos, contienen un conjunto de partículas de tipo quark y sus compañeras imaginarias. Penetran toda la estructura de cada objeto. Podríamos decir que el conjunto de partes imaginarias constituye ... el cuerpo imaginario de cada objeto físico. Estos cuerpos imaginarios se ajustan a las formas proyectadas desde el mundo de las plantillas y, al ajustarse, llevan consigo a sus compañeros de tipo quark, es decir, sus parejas «reales». El resultado es que los compañeros «reales» imponen las formas sobre la materia. De este modo se componen las formas de todos los objetos físicos.

plantilla ➡ [partes imaginarias/quarks] ➡ objetos

Mediante estos conjuntos de partículas tipo quark y sus compañeras imaginarias, todos los objetos físicos están conectados con las plantillas de los campos invisibles. Caminamos dentro de esos campos invisibles; estamos entrelazados con ellos.

Ocasionalmente se pueden ver algunas «filtraciones» de estos campos invisibles que nos rodean. A veces se pueden ver sombras que parecen humanos o animales grabadas en un paisaje o en las rocas. Por ejemplo, la siguiente fotografía muestra esas formas talladas en piedras que tienen trescientos millones de años.

Esculturas naturales en la Costa de Granito Rosa,
en Bretaña, Francia.
(fotografías de Dominique Hugon)

Es interesante que los físicos hayan identificado parcialmente una de esas interfaces bariónicas como la misteriosa
«materia oscura». La materia oscura es una interfaz que contiene las formas imaginarias de los sistemas planetarios y las
galaxias. No obstante, el término «materia oscura» no es del
todo adecuado para describir la interfaz bariónica. Un término
mejor para las interfaces que interactúan con las estructuras
bariónicas sería «vacío bariónico».

Los físicos han elegido el término «materia oscura» porque suponen que su efecto en otros objetos es como la fuerza
gravitatoria. Pero la materia oscura es diferente a la gravedad;
es mucho más poderosa y sofisticada. Lleva e impone las formas generales de los sistemas planetarios y las galaxias. De ese
modo se antepone a la gravedad. Conviene mencionar aquí
que la ley de la gravedad clásica de Newton es solo una aproximación a la fuerza que hace que objetos enormes formen
sistemas planetarios.

La ley de la gravedad de Newton es probablemente la ley
más conocida de la física. Afirma que la fuerza de la gravedad
entre dos cuerpos es proporcional a sus masas y disminuye

según el cuadrado de la distancia que los separa (ver siguiente ilustración).

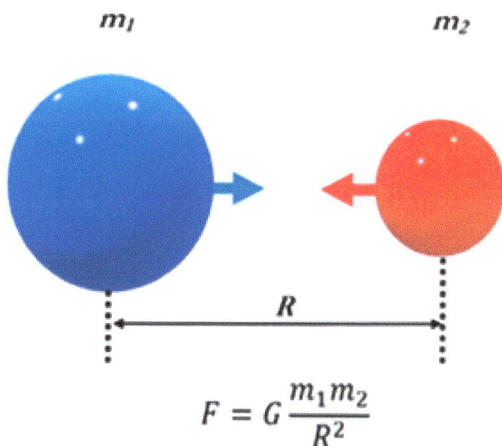

$$F = G \, \frac{m_1 m_2}{R^2}$$

La ley de Newton: F es una fuerza, m_1 y m_2 son masas, R es la distancia y G es la constante de gravitación.

La ley de Newton se hizo muy popular gracias a una anécdota sobre una manzana caída. Curiosamente, el primero en publicar la anécdota fue Voltaire, el amante de Émilie du Châtelet. Cuando Voltaire estaba en Inglaterra, entrevistó a la señora Conduit, sobrina de Newton. Al parecer, Newton le dijo a ella que una vez, cuando estaba en casa de su madre en Lincolnshire, vio caer una manzana al suelo. Esto le hizo preguntarse si la fuerza que había hecho caer a la manzana era algo que se extendía cada vez más alto por encima de la atmósfera terrestre. Voltaire publicó esta historia en sus *Cartas sobre los ingleses*.

Pero la ley de Newton es solo aplicable a un caso especial de interacciones entre objetos: está limitada a la interacción entre dos objetos; un buen ejemplo es una manzana cayendo. Sin embargo, la ley de Newton es insuficiente para los casos en los que hay más de dos objetos, una configuración que en física se denomina el problema de los *n*-cuerpos. Es un problema clásico que abarca un amplio espectro de situaciones en astrofísica. Por ejemplo, el problema de tres cuerpos es aplicable a la interacción de la Luna, la Tierra y el Sol. La inclusión de las perturbaciones solares de la Luna en la interacción del Sol y la Tierra condujo a la aparición del problema. Se comprobó que, cuando interviene un tercer objeto, la situación se vuelve ... insoluble. La dinámica de un sistema de tres cuerpos es impredecible, no se puede resolver analíticamente. Por tanto, su comportamiento solo puede describirse aproximadamente empleando elaborados métodos numéricos. Y resolver la dinámica de sistemas que contienen cuatro, cinco o más objetos es aún más difícil.

¿Por qué es así? ¿Por qué no es suficiente la ley de Newton, la más conocida de la física, para aplicarla a los sistemas planetarios?

La forma de cada sistema planetario viene impuesta por su correspondiente interfaz bariónica, la cual proyecta la forma general del sistema planetario, que incluye una estrella y todos los planetas que la orbitan. La interfaz proporciona la estructura completa de todo el sistema planetario. Por otro lado, la ley de Newton solo es aplicable a un fragmento del sistema: se limita a dos objetos de este. Por eso la ley de Newton no es suficiente para describir las leyes completas que gobiernan las constelaciones planetarias. Esto también explica por qué es imposible detectar gravitones, las partículas que supuestamente transmiten la gravedad. Ahora sabemos que el proceso de dar forma a los sistemas planetarios se lleva a cabo mediante un conjunto de partículas «complejas». A través de estos conjuntos de partículas de tipo quark y sus compañeras imaginarias, todos los objetos de un sistema planetario están conectados con la correspondiente plantilla. Por tanto, el papel que los físicos han asignado a los gravitones lo realiza un conjunto de partículas «complejas».

Como hemos indicado anteriormente, las interfaces bariónicas dan forma no solo a los sistemas planetarios, sino también a los átomos, moléculas y cristales. En estos casos la interfaz bariónica se antepone a la fuerza electromagnética, es decir, impone las formas de átomos, moléculas y cristales.

Los físicos actuales siguen creyendo que la materia oscura es una entidad física. Por tanto, han centrado sus esfuerzos en utilizar toda clase de instrumentos sofisticados para verificar su *creencia*. Por ejemplo, la búsqueda de materia oscura es uno de los objetivos del telescopio espacial James Webb que lanzó la NASA en diciembre de 2021. Debido a la naturaleza «compleja» de la materia oscura, las técnicas y metodologías empleadas en la actualidad son insuficientes para la tarea. Para resolver la cuestión de la materia oscura habrá que implementar una técnica similar a la simulación de la «nada».

Es la primera vez que los científicos se enfrentan a materia «compleja». Se tendrá que elaborar un nuevo enfoque antes de que la ciencia moderna se adapte a esta «compleja» realidad.

Galaxias entrelazadas

Me gusta experimentar el universo como un todo armónico. Cada célula tiene vida. La materia también tiene vida; es energía solidificada. El árbol ahí afuera es vida... La naturaleza entera es vida... Las leyes básicas del universo son simples, pero, como nuestros sentidos son limitados, no podemos captarlas. Hay un diseño en la creación.

Albert Einstein

Los científicos detectaron otra región vinculada al vacío cuántico. Es la ocupada por los agujeros negros. Como hemos mencionado, se compara a los agujeros negros con monstruos que consumen estrellas, destrozan galaxias y aprisionan luz. En los agujeros negros la materia se vuelve a convertir en «nada».

Si consideramos que el vacío cuántico es la región en la que nace la materia, los agujeros negros son donde muere. De modo que la materia atraviesa un ciclo de tres etapas. En la primera, la materia se concibe en la parte más baja de los campos invisibles y nace en el espaciotiempo en forma de partículas elementales. Después, la materia se vuelve estable, y madura cuando forma diversas estructuras bariónicas. En la siguiente etapa, la materia se comprime en los agujeros negros y se convierte otra vez en «nada». En ese momento abandona las dimensiones físicas. Es decir, la materia nace, y luego muere. Cuando muere, abandona el espaciotiempo.

No obstante, la formación de agujeros negros no es el final del proceso. Como indicamos antes, se descubrió que los agujeros negros filtraban gradualmente algunas partículas y radiación. El resultado es que los agujeros negros van perdiendo su masa y finalmente se evaporan. La masa que había caído en un agujero negro se devuelve paulatinamente al universo en forma de partículas y radiación. Nos referimos a este efecto como la resurrección de la materia.

La resurrección de la materia produjo un nuevo problema. Las partículas que se tragan los agujeros negros llevan toda clase de informaciones sobre las diversas estructuras de las que formaban parte. Pero cuando el contenido de los agujeros negros se convierte en «nada», toda su información se borra. Y esta es otra cosa que es inconsistente con el principio del determinismo científico, según el cual la información debe preservarse; porque, si se destruye alguna información o se crea una nueva, sería imposible predecir el futuro o leer el pasado. Cualquier pérdida o ganancia significaría que faltaría información o se habría obtenido información adicional, y toda la física se colapsaría. Por eso los físicos están ideando diversas propuestas para resolver el tema. Una de ellas, citada con frecuencia en las noticias, es el concepto de universo holográfico; supone que las partículas reinyectadas son las mismas que se hundieron en el agujero negro: son como una especie de proyección de lo que cayó en él. De este modo, afirman, no se pierde ninguna información. Más bien se va devolviendo gradualmente al universo físico y, así, se mantiene el principio del determinismo.

Se podría preguntar: en ese caso, ¿por qué hay agujeros negros? ¿Para qué necesita la naturaleza estructuras tan complicadas como los agujeros negros, si nada cambia?

Recordemos que, como en los patrones de Chladni, las diversas formas de los nodos de las ondas estacionarias pueden generarse cambiando las posiciones de los puntos en los que se fija a su base el material que vibra. Podemos ver ahora que cada agujero negro es uno de esos puntos; está fijado o adherido a la «nada». La «nada» es una forma de base del espaciotiempo. Por lo tanto, cada agujero negro actúa como un punto fijo en el universo vibrante.

Las ubicaciones de esos puntos de fijación están siempre cambiando, lo que permite que se generen continuamente nuevos conjuntos de ondas estacionarias que determinan la estructura cósmica general. En ese contexto, podemos considerar el mapa de los agujeros negros como un equivalente de los patrones tridimensionales de Chladni. En este caso, el espaciotiempo es la «placa» oscilante y los agujeros negros son los puntos de fijación (ver siguiente ilustración).

Mapa del cielo nocturno con agujeros negros supermasivos (los agujeros negros están señalados como puntos blancos; en este mapa no hay una sola estrella)[38]

38 "New Map Reveals 25,00 Supermassive Black Holes in Night Sky" (https://www.tasnimnews.com/en/news/2022/01/04/2638571/new-map-reveals-25-000-supermassive-black-holes-in-night-sky).

Hay otra razón para que existan los agujeros negros: permiten la renovación del universo. Las nuevas partículas que reinyectan los agujeros negros en el universo físico no son las mismas que las viejas. Al colapsarse dentro de un agujero negro, la historia previa de esas partículas se ha limpiado. Por tanto, las nuevas partículas pueden formar estructuras nacientes que se necesiten en un momento y lugar determinados. De esta manera el universo evoluciona continuamente; lo ha estado haciendo desde el instante en que se inició. Para captar este concepto, puede ser de ayuda saber que hay alrededor de 400 billones (40.000.000.000.000.000.000) de agujeros negros. Tal cantidad de ellos supone una muy eficaz operación de «limpieza». Expresándolo de una forma más ilustrativa: el gato eyectado de un agujero negro es diferente del que cayó en él.

¿Es esto conforme con el principio del determinismo científico? No.

No lo es porque el determinismo científico es aplicable a un sistema cerrado, en este caso, el mundo físico contenido dentro del espaciotiempo y el límite de Planck. Pero cuando la materia se colapsa dentro de un agujero negro, abandona el mundo físico y muere; se reconvierte en «nada».

La limpieza de las estructuras cósmicas es necesaria porque todo el sistema se actualiza continuamente. No son solo las partículas elementales las que experimentan ajustes, también cambian las estructuras galácticas masivas. Observaciones recientes indican que, al parecer, tales estructuras galácticas gigantes están sincronizadas: sus rotaciones se coordinan a pesar de que las separen distancias de billones de años luz.[39] Esta correlación similar al espín es llamativa: equivale al entrelazamiento de los electrones en un átomo; igual que ellos,

39 https://bigthink.com/hard-science/large-scale-structures/?fbclid=IwAR2JnKyl4-YVFJj2O2oyiaCpL0DUXdNgfMVW58m0e3LcwJ-C7OH7LEqV8CsI (18 de noviembre de 2019).

estos inmensos conjuntos de materia parecen ser conscientes los unos de los otros. Lo que significa que hay otra clase de entrelazamiento aplicable a estas enormes estructuras; podemos llamarlo entrelazamiento galáctico.

Plantilla

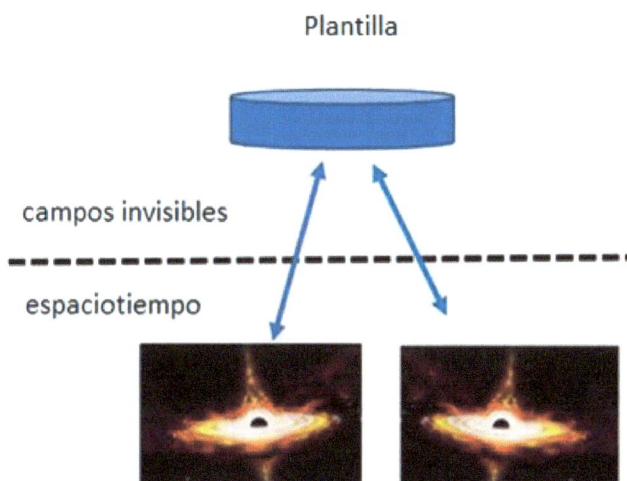

Entrelazamiento de galaxias

Las galaxias, igual que los electrones en los átomos y las moléculas en las retículas cuasicristalinas, realizan una función que les exige tener un cierto grado de percepción de su entorno, lo que, de nuevo, se facilita mediante la plantilla común que está en una zona superior de los campos invisibles. Esta interfaz impone las formas de las agrupaciones de galaxias.

En este contexto es interesante hacer una comparación entre el cosmos lleno de cúmulos de galaxias y los cuasicristales. Como ellos, el cosmos parece estar compuesto de estructuras con forma de láminas, filamentos, nudos, puentes, etcétera. Las agrupaciones galácticas están separadas por muchos años luz de distancia, así que no hay posibilidad de que existan vínculos gravitatorios entre ellas, no hay interacción gravitacional. Esta es otra indicación de la existencia de interfaces bariónicas que imponen las formas de las agrupaciones de galaxias.

Para tener una imagen completa de las estructuras galácticas hay que añadir otra cosa: la frontera del espaciotiempo se expande rápidamente; se está acelerando. La expansión del universo puede compararse con la producción de materias primas. Cuando el espaciotiempo se expande proporciona más «nada» para producir más materia, que es la sustancia de menor grado disponible en el universo. Por tanto, la expansión del espaciotiempo es una señal de que el universo está creciendo; todavía no está completo.

El hecho de que el universo se expanda indica que hay otra interfaz que proyecta la forma del espaciotiempo, a la que podemos llamar «vacío galáctico», cuya forma de operar difiere de la identificada como vacío bariónico. Como se ha indicado, este impone formas específicas en objetos físicos, incluyendo las galaxias y sus agrupaciones. Pero el vacío galáctico, por su parte, impone la forma de todo el espaciotiempo y se antepone al vacío bariónico: es la fuerza más poderosa del universo. Lo que da forma al espaciotiempo no es la gravedad, sino el vacío galáctico.

Para captar la idea de un universo en expansión, veámoslo en otra escala. Imaginemos que estamos dentro de un cuasicristal que crece. Nos hallaríamos en un espacio casi vacío. Lejos de nosotros veríamos conjuntos de electrones moviéndose de una manera aparentemente aleatoria. Desde esta perspectiva, el proceso de crecimiento del cristal nos resultaría incomprensible.

Cuando miramos el mapa de las galaxias nos hallamos en una situación similar. Es difícil reconocer el patrón tan sofisticado que siguen, y aún más difícil entender que esas galaxias remotas forman una estructura necesaria para mantener las condiciones de vida en la Tierra.

Los físicos han identificado parcialmente el vacío galáctico; lo denominan «energía oscura» (ver el siguiente diagrama). Aunque el término no es preciso, porque el efecto de la «energía oscura» es muy distinto al de cualquier forma de energía conocida.

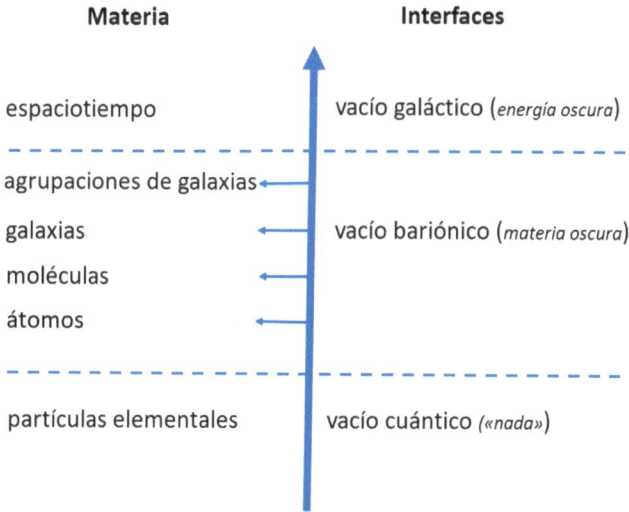

Materia   **Interfaces**

espaciotiempo   vacío galáctico (*energía oscura*)

agrupaciones de galaxias

galaxias   vacío bariónico (*materia oscura*)

moléculas

átomos

partículas elementales   vacío cuántico (*«nada»*)

La materia y sus correspondientes interfaces
(los términos usados actualmente están entre paréntesis)

Reconocer los vacíos bariónico y galáctico mejora nuestra comprensión de la materia y el universo. Sin ellos sería imposible elaborar una «teoría de todo», es decir, la teoría final de la materia.

Ahora podemos ver por qué la ciencia actual tiene problemas. La doctrina determinista se basa en un enfoque de abajo a arriba, que significa juntar componentes para alcanzar estructuras más sofisticadas. El concepto de evolución darwinista se basa en un supuesto similar. La naturaleza funciona al contrario, con un enfoque de arriba a abajo, donde una plantilla global se impone a los componentes de la estructura. El mundo de las plantillas contiene las formas generales de todas las formas físicas proyectadas a las dimensiones físicas.

Queda claro ahora que la ciencia actual se enfrenta a todo un desafío, el mayor desde la controversia entre los sistemas heliocéntricos y geocéntricos. Igual que en época de Copérnico, se tardará tiempo en entender y aceptar un nuevo enfoque científico. Un ajuste tal requerirá que se relaje la perspectiva estrictamente determinista del mundo físico.

El planeta Tierra

La nueva cosmovisión que puede surgir de la
ciencia moderna es probable que sea, otra vez,
geocéntrica...

Hannah Arendt

En los capítulos anteriores aún no hemos comentado un
tipo de estructura cósmica: el planeta Tierra. Así pues, com-
pletemos la imagen añadiendo la Tierra al diseño global del
universo.

Aunque parece que la Tierra está situada lejos del centro
del universo, está ubicada en una región nodal única que es
la más sofisticada de todas las regiones del universo. Todo el
universo, con sus gigantescas agrupaciones de galaxias, era
necesario para formar y mantener la Tierra. Este planeta es
como un tesoro formado dentro de un vasto «océano» cósmico de campos vibrantes. Es como el corazón del universo,
porque proporciona un entorno único dentro del cual puede
existir la vida. La Tierra es el único lugar del universo físico en
el que era posible desarrollar y conservar plantas, animales y
humanos. Este es el contexto en el que podría considerarse la
cita anterior de Hannah Arendt, historiadora y filósofa política
estadunidense, nacida en Alemania, una de los más influyentes
teóricos políticos del siglo XX.

Los científicos han conseguido descifrar bastantes detalles de la formación de la Tierra. Según el modelo del Big Bang, la Tierra se formó hace alrededor de unos 4.500 millones de años, aproximadamente un tercio de la edad del universo. Surgió de la acumulación de una nube de polvo producida por la formación del Sol. La mayoría de la Tierra estaba fundida debido a las colisiones con otros cuerpos, lo que dio lugar a un vulcanismo extremo. Con el tiempo adquirió una atmósfera gracias a la emisión de gases volcánicos. A medida que la Tierra se enfriaba se formó la litosfera, es decir, la corteza y el manto superior.

El pentáculo también puede servir para representar la Tierra.

El pentáculo de la Tierra:
- Estrella externa: litosfera
- Primera estrella interna: hidrosfera y atmósfera
- Segunda estrella interna: biosfera
- Tercera estrella interna: fauna y humanidad
- Punto interior: la mente humana

En el caso de la Tierra, el equivalente a los granos de arena del experimento de Chladni es una mezcla de arcilla, minerales y agua. Esta mezcla, al colocarse en una zona sutil de los campos invisibles, se transformó en plantas, animales y humanos. Al principio la Tierra era como cualquier otro planeta formado en el universo. Su composición mineral no tenía nada de especial. Entonces, algo empezó a cristalizarse. Después de que se formara la litosfera aparecieron los océanos, y se fue formando la hidrosfera. El siguiente paso fue que, en los campos invisibles, se activó una nueva serie de «frecuencias», únicas en el universo y muy localizadas; estaban enfocadas explícitamente a la Tierra. Esas frecuencias solo podían activarse en el límite formado por la hidrosfera y la atmósfera. Esto condujo a la aparición de sistemas biológicos tales como plantas, flores y árboles.

Los sistemas biológicos son mucho más complicados que las formas de materia comentadas anteriormente. Se acepta generalmente que la columna vertebral de un sistema biológico es una molécula muy compleja conocida como ADN, ácido desoxirribonucleico, que es la molécula de información. Todo lo que está vivo lleva ADN en sus células y, en un organismo multicelular, casi todas ellas tienen la serie completa de los ADN requeridos por ese organismo. Se *cree* que el ADN contiene toda la información necesaria para hacer y mantener un organismo.

La complejidad del ADN se muestra esquemáticamente en el siguiente diagrama. El ADN se compone de dos hebras unidas que se enroscan sobre sí mismas formando una especie de escalera de caracol, llamada doble hélice, que se ha convertido en una de las imágenes más conocidas e icónicas de la ciencia moderna.

En el ADN la información se almacena como un código compuesto de cuatro bases químicas: adenina (*A*), guanina

(*G*), citosina (*C*) y timina (*T*). Las bases de ADN se emparejan, *A* con *T* y *G* con *C*. Cada par de bases está adherido a dos largas hebras compuestas de una molécula de azúcar y otra de fosfato. El código se hace con el extenso número de combinaciones disponibles de las bases de ADN.

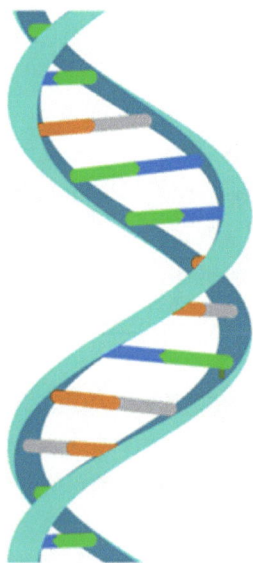

La doble hélice de ADN[40]
Las dos largas hebras retorcidas están hechas de una molécula de azúcar y otra de fosfato. Las cuatro bases químicas que unen las dos hebras son la adenina (*verde*), la guanina (*naranja*), la citosina (*gris*) y la timina (*azul*).

El descubrimiento de la estructura en doble hélice del ADN, en los años 1950, es el logro más importante de la biología del siglo XX. El conocimiento de esa extraordinariamente sofisticada estructura proporcionó intuiciones cruciales acerca del modo en que el ADN funcionaba como la molécula de información de todos los sistemas vivos, además de ser el

---

40 https://www.genome.gov/genetics-glossary/Double-Helix

elemento primario en la herencia de los organismos. Cuando los organismos se reproducen, una parte de su ADN pasa a su descendencia. La transmisión de todo o parte del ADN de un organismo garantiza la continuidad de una generación a otra, a la vez que permite ligeros cambios que contribuyen a la diversidad de la vida.

Esto significa que, en el caso de los sistemas biológicos, los bloques de construcción básicos no son átomos o simples moléculas, sino el ADN, un complejo ensamblaje de moléculas. La forma de funcionar del ADN suele compararse con la manera en que las letras del alfabeto aparecen con una determinada secuencia para componer palabras y frases. Pero lo fundamental de esta comparación es que la composición de palabras y frases requiere ... un diccionario; porque una palabra con sentido solo puede hacerse con una secuencia de letras concreta, no con un conjunto aleatorio de las mismas. De lo contrario acabaríamos en *La biblioteca de Babel* de Jorge Borges, es decir, estantes llenos de libros escritos con permutaciones aleatorias de letras. Por ello una plantilla principal debe servir como «diccionario» para ensamblar el ADN. Lo que significa que la multiplicación de ADN que conduce a la formación de organismos vivos debe también ser ... un proceso no-local.

Podemos ver ahora cierta similitud entre el crecimiento de los cuasicristales y la manera con la que el ADN forma organismos vivos. Por supuesto, el ADN es mucho más sofisticado, pero de esta comparación se puede inferir una observación interesante. La investigación de los cuasicristales mostró que su acoplamiento no puede lograrse añadiendo átomos de uno en uno, sino que necesita un vínculo con una plantilla en los campos invisibles que actúe como «diccionario». Lo que significa que el proceso de crecimiento de los cuasicristales es necesariamente no-local. Por tanto, la misma condición debe ser aplicable a los sistemas biológicos. Igual que los electrones en los átomos y las moléculas en los cuasicristales, las moléculas de ADN siguen el diseño proyectado desde el mundo invisible. Los ADN están entrelazados mediante su conexión común con la correspondiente plantilla dentro del vacío bariónico, de lo contrario sería imposible explicar satisfactoriamente el proceso.

Igual que el modelo clásico de crecimiento de cristales, el proceso actualmente aceptado de crecimiento de sistemas biológicos es incompleto. El crecimiento biológico basado en el ADN es solo parte del proceso; la otra parte aún está por descubrir.

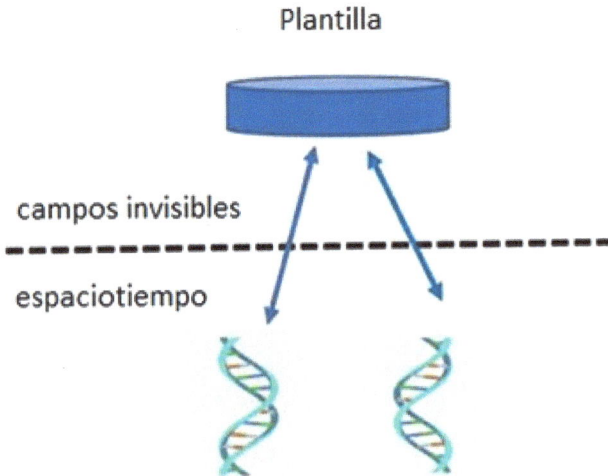

Entrelazamiento de ADN

Ahora podemos entender que las plantillas, almacenadas en los campos invisibles, actúan como verdaderas portadoras de códigos para todos los objetos físicos y sistemas biológicos. Estas plantillas cumplen la función que los científicos han asignado al ADN. Esa es otra barrera conceptual que ha de superarse para avanzar en nuestra comprensión del universo.

***

Las plantas, las algas y la hierba cubrían la superficie de la litosfera, en la tierra y en el suelo de los océanos. La flora formó una membrana que serviría de frontera dentro de la cual se activarían formas superiores de vida. Podemos llamar al espacio dentro de ese límite «biosfera», aunque en este contexto el término tiene un sentido distinto al de su uso común: la biosfera proporcionó un medio en el que pudieran formarse las aves y las criaturas que viven en los océanos y en la tierra..

Recientemente los científicos se han dado cuenta de que la flora es mucho más sofisticada de lo que se pensaba. Por ejemplo, se ha descubierto que los árboles forman redes de comunicación subterráneas muy avanzadas, creadas cuando los hongos se unen a las raíces de las plantas. Los árboles utilizan estas redes para comunicarse y compartir recursos. Algunos científicos lo llaman el internet de los árboles o «*wood wide web*»:[41]

> Los árboles, las plantas del sotobosque, los hongos y los microbios de un bosque están tan conectados, se comunican y son tan codependientes que algunos científicos los han descrito como superorganismos. Recientes investigaciones sugieren que las redes micorrizas también perfunden las praderas, las dehesas, los chaparrales y la tundra ártica: básicamente cualquier lugar de la superficie terrestre en el que haya vida. Juntos, estos compañeros simbióticos tejen los suelos de la Tierra convirtiéndolos en redes vivientes de inconmensurable escala y complejidad.[42]

41 N.T. Juego de palabras entre «world wide web» (internet, red mundial) y «wood wide web» (red del bosque).
42 «The Social Life of Forests» (La vida social de los bosques) de Ferris Jabr, The New York Times, 2 de diciembre de 2020.

Lo sorprendente de estas redes de comunicación es su propósito. Se ha descubierto que la razón fundamental de la existencia de estas redes clandestinas de comunicación es muy altruista: ¡los árboles las usan para ayudarse unos a otros a su propia costa! Por ejemplo, desde los árboles más viejos y grandes se envían recursos a los árboles más jóvenes y pequeños. Y si un árbol está a punto de morir, a veces dona parte de su carbono a sus vecinos. Esta clase de altruismo contradice los principios fundamentales de la evolución darwinista. Desde Darwin, los biólogos han creído en la lucha de cada organismo por sobrevivir y reproducirse dentro de una determinada población, con la subyacente y decidida ambición de los genes egoístas. En consecuencia, se consideraba que los árboles eran individuos solitarios que competían por el espacio y los recursos, indiferentes los unos a los otros. Y ahora resulta que el modus operandi general de los árboles se centra más en la cooperación que en el interés propio, y en las propiedades emergentes de comunidades vivas más que en los individuos.

Los árboles son uno de los elementos más grandes del límite de la biosfera, por lo que su comportamiento altruista no debería sorprender. La función de este límite es proporcionar un medio en el que se puedan generar y mantener nodos muy sofisticados. Así que, en este caso, no es tanto altruismo, como algo que hay que hacer; algo que está escrito en el plan original.

Podremos entender mejor la biosfera observando las rutas migratorias de las aves y las ballenas.

Por ejemplo, el charrán ártico lleva a cabo una migración más larga que cualquier otra ave del mundo. Viaja del Ártico al Antártico y viceversa cada año. Estudios recientes han mostrado que su recorrido medio anual de ida y vuelta es de unos, 72.000 kilómetros. El largo viaje le asegura dos veranos al año y más luz diurna que cualquier otra criatura. Antiguamente, a los marineros les interesaba mucho esta especie y se orientaban con su ruta de vuelo.

Lo interesante es que su periodo de anidamiento y reproducción ocurre en dos veranos del mismo año, uno en el norte y otro en el sur. Pero ¿por qué necesitan estos pájaros ir del verano en el hemisferio norte al verano del hemisferio sur?

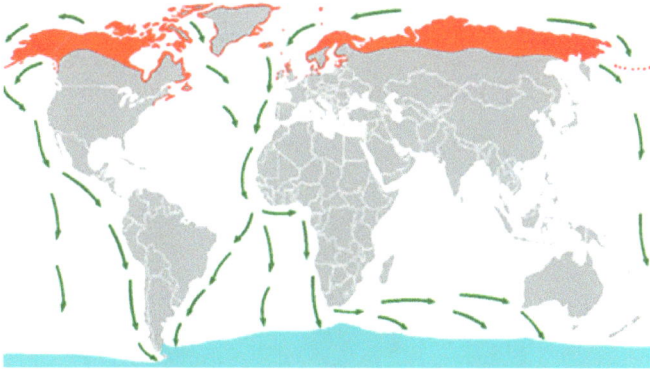

Rutas migratorias del charrán ártico[43]
(zonas de cría en rojo, zonas de anidamiento en azul)

En cuanto a la altitud, la mayoría de las aves vuelan bajo, a menos de 150 metros. Sin embargo, durante la migración muchas especies vuelan entre 600 y 1.500 metros, o más alto. El récord de altura registrado lo tiene el buitre moteado, que se encuentra en la región del Sahel en África central, con una altitud de 11.000 metros. Pero, ¿por qué tienen que volar tan alto estas aves? La respuesta más común es que les permite evitar a los depredadores. Otra explicación es que les ayuda a cazar.

Entre las criaturas que viven en los océanos, las ballenas son consumidas buceadoras. Su inmersión más profunda registrada fue de casi 300 metros. También emprenden algunas de las migraciones más largas. Con frecuencia nadan hasta 20.000 kilómetros cada año. Los investigadores no han establecido aún

43 https://en.wikipedia.org/wiki/Arctic_tern#/media/File:Sterna_paradisaea _distribution_and_migration_map.png

por qué las ballenas invierten tanta energía en su esfuerzo migratorio. Desde luego no migran en busca de lugares apropiados para parir a sus crías. Debido a su tamaño, podrían hacerlo en las gélidas aguas polares. Tampoco el alimento parece ser el motivo de su migración, antes al contrario, puesto que, debido a las reducidas oportunidades de alimentación que encuentran en los trópicos, la mayoría de las ballenas ayunan durante los meses de migración. Así que, ¿para qué se toman la molestia?

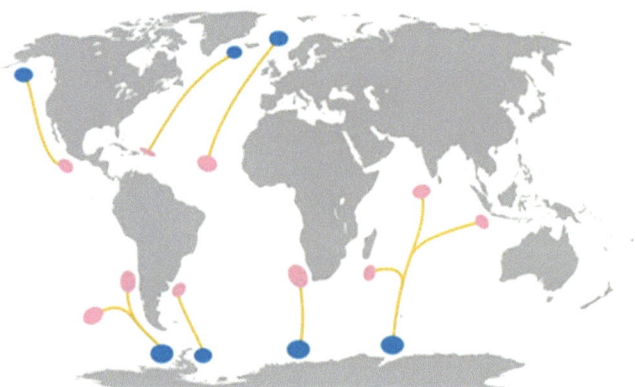

Rutas migratorias de la ballena azul[44]
(zonas de alimentación en azul; zonas de cría en rosa)

Podremos encontrar las respuestas a nuestras preguntas observando las rutas migratorias de las ballenas y el charrán ártico. La imagen se completará si la presentamos en tres dimensiones añadiendo las altitudes a las que vuelan diversas aves y la profundidad de las inmersiones de las ballenas. Descartando el contorno de los continentes, podemos reconocer los patrones de estas rutas migratorias. No debería ser una sorpresa el hecho de que se parezcan mucho a... los patrones de Chladni. Sí, así es. Las rutas migratorias de estas especies corresponden a la distribución de nodos inducidos por los campos invisibles dentro del límite de la biosfera.

---

44 https://www.offthemap.travel/news/understanding-whale-migration

Ahora podemos entender por qué estas especies siguen rutas en apariencia tan irracionales: siguen los patrones formados en la biosfera. Las rutas migratorias no vienen determinadas por la necesidad de encontrar alimentos o zonas de anidación. Es al revés. Las rutas son el factor principal, la comida y los nidos son aspectos secundarios.

> ¿De qué le sirve el viento a un águila? ¿O el océano a un delfín? ... Ambos dan vueltas y se elevan y descienden en picado, y entre tanto, nosotros seguimos poniendo un pie delante del otro. Cuando el aire o el agua se mueven sobre algo, de un extremo del mundo al otro, ellos lo saben.[45]

Hay otro aspecto importante de las rutas migratorias de aves y ballenas: señalan el límite de la biosfera. Los continentes son como una sección representativa de la biosfera; es decir, la biosfera proporciona un recinto dentro del cual se pueden proyectar nodos más sutiles, que condujeron a la aparición de los animales. Más tarde surgieron grupos de humanos nómadas.

Para ayudarnos a entender este concepto, recordemos las formas tridimensionales de los patrones de Chladni formados por un campo acústico relativamente simple. No debería sorprender que campos más sutiles, como los invisibles, puedan crear estructuras más sofisticadas. Igual que los granos de arena forman patrones muy complejos, en la biosfera... los minerales pueden dar forma a los humanos:

> El hombre y la tierra están hechos de las mismas cosas. ... De agua y sal y de minerales y elementos, todos mezclados, y lo que los mantiene juntos es eso que tú llamas tu mente.[46]

45 *The Mines of Light*, Arif Shah, Pick and Shovel, LLC, Los Angeles, 2016.
46 Ibidem.

La humanidad se encuentra en la cima de la estructura biológica. La observación antedicha sobre la no-localidad del proceso de formación de los organismos vivos es aplicable también a los humanos. Igual que en los otros sistemas, la forma de los humanos es una proyección de una plantilla del mundo invisible. Lo que significa que los humanos son nodos tridimensionales que caminan por el espacio interior de la biosfera. Como todas las demás criaturas terrestres, los humanos están formados por los elementos disponibles en la Tierra. Los humanos aparecieron en la región más sutil de la biosfera; podemos llamar a este espacio la humanosfera.

Es importante observar que hay una distinción funcional entre la flora y las formas superiores de vida, como la fauna y los humanos. La flora define el límite de la biosfera, el cual determina la región necesaria para establecer una serie de nodos dentro del volumen de la biosfera. Estos nodos toman la forma de animales y humanos. Por eso la preservación de la biosfera es tan crucial para el propósito general del plan cósmico. Los humanos son el último eslabón necesario para completar el plan; son el elemento más valioso de todo el designio.

Como podemos ver, la función de la flora es mucho más sofisticada y fundamental de lo que suele pensarse. Las formas, ubicaciones y disposiciones de las diversas especies son de gran importancia. Y esto es una sugerencia para aquellos interesados en preservar el entorno natural del planeta. No es solo la belleza, los espacios verdes y el aire limpio lo que está en peligro; estos son factores secundarios. El factor principal es la conservación del límite de la biosfera, para que la estructura nodal que forma y mantiene la vida en este planeta permanezca en sintonía con la dinámica galáctica del universo.

¿Estamos solos en el universo?

El silencio del cielo nocturno es oro
... en la búsqueda de vida extraterrestre;
no tener noticias es una buena noticia.
Promete un gran futuro potencial para la humanidad.

Nick Bostrom

¿Estamos solos en el universo? Esta es una de las preguntas más importantes que la ciencia ha intentado contestar.

Uno de los principales objetivos de la investigación espacial es buscar rastros de vida fuera de nuestro planeta. Toda ella se basa en el supuesto tácito de que ahí afuera hay rastros de vida, y encontrarlos solo es cuestión de tiempo y tecnología. Por tanto, la búsqueda de vida más allá de nuestro planeta está plenamente justificada. Los científicos se sienten obligados a buscar vida, no importa cuánto tiempo sea necesario dedicar a la tarea, incluso aunque sea ... interminable.

Las noticias diarias nos bombardean con nuevos descubrimientos que indican la existencia de un nuevo tipo de exoplaneta, o la presencia de agua y algunos minerales terrestres en planetas remotos, o señales de antigua vida en varias rocas de Marte. Y esto lleva a justificar más los esfuerzos para perseguir estas hipotéticas indicaciones, porque se cree que cualquier prueba de que hubo vida alguna vez en el espacio exterior confirmaría que la vida es abundante en algún otro lugar del cosmos. En el contexto del material presentado en este libro, un supuesto tal sobre vida más allá de la Tierra no encaja con el esquema general de las cosas. Por tanto, buscar rastros de vida fuera de nuestro planeta no nos ayudará a progresar en nuestro conocimiento sobre la Tierra, el universo o la propia vida. Al contrario, lo retrasará, porque se basa en un supuesto falso. Sería mucho más eficaz reformular el objetivo de toda la empresa espacial preguntando: ¿por qué no hay vida fuera de la Tierra? Porque ahí afuera no hay vida.

El espacio es como un vasto desierto; está lleno de rocas volantes de diversos tamaños, gases fríos y calientes —y ya está. Como se ha señalado, en el espacio la materia nace y luego muere. Es un proceso espectacular, lleno de luz, humo, gases, rocas líquidas y estructuras increíblemente complicadas. Pero el tejido interior necesario para generar vida y mantenerla está ausente.

Puede ser interesante, en este contexto, escuchar a las personas que han tenido ocasión de volar al espacio. Por ejemplo, a William Shatner, un actor canadiense que interpretaba el papel de Capitán James T Kirk en *Star Trek*, se le ofreció la oportunidad de ir al espacio en octubre de 2021. Tras décadas de interpretar a un personaje de ciencia ficción que exploraba el universo y establecía contacto con muchas formas de vida y culturas diversas, pensó que experimentaría una sensación similar: una profunda conexión con la inmensidad que nos rodea, una honda llamada a la exploración sin fin, un reclamo para ir valientemente donde nadie antes había ido. Esta es su reflexión sobre su experiencia espacial:

> Mientras apartaba la mirada de la Tierra y me volvía hacia el resto del universo, no sentí conexión;

no sentí atracción. Lo que comprendí, de la manera más clara posible, es que estábamos viviendo en un diminuto oasis de vida, rodeados de una inmensidad de muerte. No vi infinitas posibilidades de mundos que explorar, o criaturas vivas con quien conectar. Vi la oscuridad más insondable que jamás hubiera podido imaginar, contrastando descarnadamente con la acogedora calidez del propicio planeta que es nuestro hogar.[47]

No hace falta ir al espacio para tener una experiencia similar. Basta, por ejemplo, y es mucho más barato, hacer una excursión por los campos volcánicos de lava en las laderas del Etna, en Sicilia.

En las laderas de los campos volcánicos del Etna, Sicilia
(fotografía: Dominique Hugon)

En medio de esos campos, rodeado de la negra masa de rocas fundidas sin vida, uno puede sentirse igual que el Capitán

47 https://www.theguardian.com/environment/2022/dec/07/william-shatner-earth-must-live-long-and-prosper-aoe?CMP=Share_AndroidApp_Other

James T Kirk. Es una sensación muy descorazonadora, muy incómoda. Falta algo, algo vital, aunque al principio resulte difícil definir lo que es. Entonces uno se da cuenta de lo que es, al mirar más allá de ese negro entorno hacia el horizonte, donde se divisan árboles y exuberante vegetación. Allí se está ... «en casa». Estas rocas fundidas hicieron un «agujero negro» en la biosfera. En la historia de la Tierra, este pequeño trozo de tierra pertenece a la época anterior a la formación de la biosfera, antes de que el planeta se convirtiera en nuestro «hogar». En medio de un campo de lava estamos fuera de nuestros nodos naturales, como describió el Capitán James T Kirk en la cita anterior.

Y ¿qué hay de los alienígenas y los ovnis? ¿Acaso no son indicios de vida fuera del planeta Tierra?

Podemos saltarnos a los alienígenas y sus civilizaciones. Sabemos que no encajan en el panorama general, por tanto, no hay posibilidad de que existan.

Los ovnis (objetos voladores no identificados) son un fenómeno algo distinto. En este enorme y dinámico universo que flota dentro de los campos invisibles, siempre existe la posibilidad de que se produzca una filtración esporádica desde lo invisible a lo visible. Podemos suponer que dichas filtraciones adoptarían formas con aspectos y colores muy inusuales. Se podrían distinguir fácilmente de otros fenómenos terrestres.

Según Heather Dixon, jefa de las investigaciones nacionales de la British UFO Research Association (BUFORA), solo el dos por ciento de los casos comunicados de supuestos ovnis no se podían explicar.[48] Este dos por ciento podría estar relacionado con los sucesos mencionados antes. Todos los demás

---

48 "Most UFOs - like the Chinese spy balloon - can be explained away. But what about the other 2 percent" (*La mayoría de los ovnis, como el globo espía chino, pueden explicarse. Pero ¿qué ocurre con el restante dos por ciento?*) por Heather Dixon, The Guardian, 16 de febrero de 2023.

tienen una explicación. He aquí una lista de los efectos más comunes, que se han informado muchas veces como ovnis:

- Bolas de fuego de meteoritos: a simple vista son objetos amarillentos que parecen salir de la nada, vuelan rápida y silenciosamente por el cielo y dejan tras ellos una estela resplandeciente. Luego se rompen en pedazos antes de esfumarse, todo ello en menos de un minuto.

- Destello de lente: un efecto relacionado con la luz que a veces rebota en la lente en una cámara, gafas, cristales o ventanas, causando un destello. Algunos pueden parecer objetos sólidos enmarcados accidentalmente en el campo de visión. Con frecuencia se confunden con ovnis.

- La Estación Espacial Internacional: es una gran plataforma, más grande que un campo de fútbol. Puede ser bastante más brillante que la mayoría de los objetos celestes de la noche. Se mueve deprisa, cruzando el cielo de un horizonte a otro en solo unos pocos minutos.

- Constelaciones de satélites militares: algunos satélites de vigilancia consisten en un trío de satélites orbitando en una formación triangular y a veces son visibles a simple vista.

No obstante, muchas instituciones de investigación han considerado seriamente la posibilidad de que haya ovnis y civilizaciones alienígenas. Esto se debe a que el impacto psicológico de la existencia de «otros» es tan fuerte que no puede borrarse fácilmente de la imaginación humana. Aparentemente, los humanos no responden bien a la «otredad». Por ello, algunos científicos se han embarcado en un proyecto con el fin de prepararnos psicológicamente para un encuentro con seres alienígenas. Este enfoque llegó incluso a utilizar robots para facilitar esa hipotética interacción.

Nick Bostrom, el filósofo sueco de la universidad de Cambridge citado al principio del capítulo, reconoció que no tener pruebas de vida extraterrestre era «una buena noticia», porque encontrar pruebas de vida anterior en otras partes del cosmos indicaría que la vida en la Tierra acabaría del mismo modo. Por eso, la falta de pruebas «promete un gran futuro potencial para la humanidad».

Así pues, dejemos el tema de los ovnis y las civilizaciones alienígenas. Hay cosas más importantes que considerar.

Cómo mejorar la percepción

Todas las respuestas están en el tablero.

Arif Ali-Shah

Como hemos visto, el mundo cuántico opera con reglas extrañas y extravagantes. Resulta que algunas de ellas son análogas a las de un juego recientemente introducido, similar al ajedrez. Y este juego puede ayudar a desarrollar las habilidades necesarias para avanzar en la ciencia perceptiva. De modo que observemos más detenidamente el diseño general del juego, que tiene algunos elementos de la mecánica cuántica.

Empecemos antes con el ajedrez tradicional.

La forma actual de ajedrez surgió en el sur de Europa durante la segunda mitad del siglo XV. No obstante, su origen puede encontrarse en un juego mucho más antiguo conocido como chaturanga, que se originó en la India en época del imperio Gupta alrededor del siglo VI. Hoy en día, el ajedrez es uno de los juegos más populares al que juegan millones de personas de todo el mundo.

En el ajedrez juegan dos jugadores sobre un tablero con una cuadrícula de ocho por ocho. Uno de ellos juega con piezas blancas y, el otro, con negras. Al principio de la partida cada jugador controla dieciséis piezas: un rey, una dama, dos torres, dos alfiles, dos caballos y ocho peones.

Un tablero de ajedrez tradicional

El objetivo del juego es dar jaque mate al rey del oponente, realizando un ataque al rey («jaque») del que no puede escapar. Se asume generalmente que el ajedrez es un juego de estrategia con información perfecta, pues ambos jugadores pueden ver todas las piezas sobre el tablero.

El ajedrez es un juego muy complejo debido al gran número de posibilidades. Esta complejidad no se definió hasta 1950, cuando el matemático estadounidense Claude Shannon escribió un artículo en *Philosophical Magazine* titulado: «Programando a un ordenador para que juegue al ajedrez». Shannon se preguntaba si era posible construir una máquina que jugara una partida perfecta de ajedrez. Como punto de partida, calculó el número de todas las variantes del juego. Supuso que cada uno de los dos jugadores podía elegir 1 de 30 movimientos posibles en cada turno. Una ronda se compone de dos movimientos: uno de blancas y otro de negras, lo que significa que hay 30 x 30 (=10^3 aproximadamente) variantes posibles en cada ronda. Un juego típico dura unas 40 rondas. Por tanto, el número estimado de variantes para un juego típico está en el rango de $(10^3)^{40} = 10^{120}$. Esta estimación se conoce como el número de Shannon. Es un número increíblemente grande: un 10 seguido de 120 ceros.

Para captar la magnitud de esta cifra consideremos el mayor valor posible que tenga un sentido físico: dicho valor equivaldría a la proporción entre el objeto más grande y el más pequeño del universo. El más pequeño es $1,6 \times 10^{-35}$ metros, es decir, la longitud de Planck. Ahora construyamos un cubo con los lados del mismo tamaño que la longitud de Planck; sería el objeto tridimensional más pequeño que pueda existir: nada en el mundo físico podría ser de menor tamaño. Por tanto, puede servir como unidad base para medir volúmenes; llamémoslo el cubo de Planck. Al otro lado de la escala está el universo entero, que es la mayor entidad del espaciotiempo. Así, dividiendo el volumen del universo por el cubo de Planck, obtendremos el mayor número posible con relevancia física. El radio del universo es de aproximadamente 10^{26} metros. Sabiendo el radio, se puede estimar el volumen del universo y expresarlo en cubos de Planck. El resultado es 10^{184} cubos de Planck (un 10 seguido de 184 ceros). Esta es la cantidad de cubos de Planck que harían falta para llenar todo el volumen del universo; podemos llamarlo el número de Planck. Es la cifra más grande con sentido físico, cualquier cosa mayor es solo abstracta.

Volvamos al ajedrez. Comparemos el número de Planck con el de Shannon; este último es 10 vigintillones (10×10^{63}) de veces menor que el número de Planck. En este contexto, el número de Shannon está todavía dentro del dominio físico. En cuanto se conoció el número de Shannon se pudo empezar a trabajar en una máquina que jugara al ajedrez, pero fue en los años 1970 cuando los ordenadores empezaron a ganar a los humanos. Al principio los ordenadores jugaban contra jugadores corrientes; las primeras computadoras de ajedrez no eran rival para los Gran Maestros. Se tardaron dos décadas más en demostrar que el juego de ajedrez era por naturaleza estrictamente determinista. A mediados de los años 1990 se desarrolló un sistema para jugar al ajedrez, que se instaló en un supercomputador construido especialmente por IBM al que llamaron Deep Blue. Primero jugó contra el entonces campeón mundial Gary Kasparov en un torneo de seis partidas en 1996. Deep Blue perdió cuatro partidas. Pero, al año siguiente, una versión mejorada de Deep Blue venció a Kasparov ganando tres partidas y quedando en tablas en otra. Se considera que Deep Blue es un hito en la historia de la inteligencia artificial. Con su victoria, el ajedrez perdió parta de su misterio y atracción.

Tras la victoria de Deep Blue se desarrollaron diversas máquinas para jugar al ajedrez. Los ordenadores tienen la capacidad de analizar la totalidad de una partida de un modo que supera dramáticamente a los humanos. Los mejores jugadores humanos de ajedrez dedican miles de horas a investigar partidas anteriores y teorizar sobre nuevas líneas de juego. La cuestión es que las máquinas de ajedrez modernas son tan poderosas y tan ampliamente disponibles que ni los mejores jugadores tienen opción contra un software que cualquiera puede descargarse gratis.

La llegada del software de ajedrez demostró que el ajedrez tradicional es simplemente un juego binario. Se basa en un modo operativo relativamente simple, que puede resumirse en «una cosa o la otra». En otras palabras, el ajedrez binario refleja un tipo automático de operación de la mente humana que, según se ha observado, domina la mayoría de las actividades humanas. Enfrentada a casi cualquier tipo de situación, la mente humana decide si aceptarla o rechazarla. Su debilidad es que, si se convierte en la única manera de enfocar una situación, en realidad está impidiendo que el individuo tenga otra clase de percepción la cual, como veremos más tarde, es esencial para el sustento de la humanidad.

***

Probablemente no fue una coincidencia que apareciera un nuevo tipo de juego que exigiera de la mente humana una forma más avanzada de operar. Ese nuevo juego se introdujo en 2014 y se llama quaternity. Puede ayudar a tratar con cuestiones complejas tales como aquellas a las que se enfrentan los físicos actuales.

Colocación de las piezas en un tablero de quaternity[49]

49 Todas las capturas de pantalla se han sacado de la plataforma online de *Quaternity*™ en https://play.quaternity.com. Publicadas con autorización de Quaternity LLC. Todos los derechos reservados 2023.

182

En quaternity, en lugar de dos, hay cuatro jugadores.[50] Cada uno de ellos juega contra los otros tres, y esto lleva el juego a un terreno completamente nuevo. En lugar de la cuadrícula habitual de ocho por ocho, la del tablero de quaternity es de doce por doce casillas blancas y negras. Cada uno de los cuatro conjuntos de piezas, blancas, rojas, negras y verdes, es idéntico al que se usa en el ajedrez tradicional: un rey, una dama, dos alfiles, dos caballos, dos torres y ocho peones. En vez de las dos filas habituales en lados opuestos, las piezas se disponen en las esquinas del tablero; cada conjunto está contenido en un territorio de cinco por cinco casillas.

Los reyes ocupan la casilla de la esquina. En frente del rey, en diagonal, está la dama. Tres peones ocupan la línea frontal izquierda de cada ejército; otros tres están en la línea frontal derecha. Estos seis peones pueden moverse por sus respectivas filas y columnas. Se llaman peones «comprometidos». Hay, además, dos peones «centrales»; que, como el rey y la dama, se posicionan en la diagonal principal del tablero. Uno de los peones centrales une las dos líneas frontales de los peones comprometidos. Frente a él está el peón central avanzado. Una de las torres y dos caballos están en la columna detrás de los tres peones de la izquierda. En la fila detrás de los peones de la derecha hay dos alfiles y otra torre. La disposición general es una fascinante combinación geométrica de colores y patrones.

A excepción de los peones centrales, todas las piezas se mueven de forma idéntica a la del ajedrez tradicional.

---

50 Las reglas del juego se describen en los siguientes libros: *Beginners Guide to Quaternity* de Javier Romano, London, 2022 (versión bilingüe inglés-español); *Quaternity – Nuestro método* (en español) de Jorge Mas Sirvent y Jorge Yago Ferreyra, Editorial SUFI, Madrid, 2022.

Movimiento de las piezas de quaternity:

- Los reyes mueven una casilla en cualquier dirección, siempre que esa casilla no esté siendo atacada por las piezas de los demás jugadores (no se permite el enroque).
- Las damas mueven cualquier número de casillas en diagonal, horizontal o vertical.
- Las torres mueven cualquier número de casillas en horizontal o vertical.
- Los alfiles mueven cualquier número de casillas en diagonal.
- Los caballos mueven en forma de L: dos casillas en horizontal y una en vertical, o dos casillas en vertical y una en horizontal. Son las únicas piezas que pueden saltar sobre otras piezas.
- Los peones mueven una casilla adelante a lo largo de sus filas o columnas. No obstante, los dos peones centrales pueden hacer su primer movimiento tanto horizontal como verticalmente. Después de ese primer movimiento están «comprometidos» con la dirección que han tomado.

El diseño del tablero y la posición inicial de las piezas aumentan drásticamente la complejidad del juego. Calculemos el número de posibles variantes del juego para compararlo con el número de Shannon del ajedrez tradicional. Podemos seguir el método de cálculo de Shannon para determinarlo.

Lo primero es averiguar cuántos movimientos posibles tiene cada jugador en su turno. En el movimiento inicial, cada jugador puede elegir 1 entre los 41 movimientos permitidos, lo que supone 2,8 millones de variantes en la primera ronda; en este caso, una ronda consiste en cuatro movimientos consecutivos realizados por los cuatro jugadores. A medida que progresa el juego, se abren más casillas para los alfiles, torres y damas. Por tanto, el número de variantes puede llegar a 4,8 millones por ronda. Por ejemplo, el siguiente diagrama ilustra una disposición posible en el tablero durante el medio juego (después de la ronda 30, es decir, después de 120 movimientos). En este punto, hay 4,7 millones de variantes disponibles para la siguiente ronda.

Disposición de las piezas después de 30 rondas
(120 movimientos)

Durante la mayor parte de la partida, el número de variantes por ronda fluctúa entre 2,8 y 4,7 millones. Solo en la etapa final de la partida se reduce el número de variantes posibles. De media hay alrededor de 3 millones por ronda. Normalmente se necesitan de 200 a 280 movimientos para terminar una partida, que corresponden a entre 50 y 70 rondas.

Esto significa que el número de variantes disponibles en una partida de 50 rondas está en la franja de $(3 \times 10^6)^{50}$. Si se introduce esta fórmula en una calculadora científica la respuesta será: ¡infinito! Por supuesto, un gran ordenador puede dar la respuesta numérica que está en la zona de 10^{300}. No obstante, en la práctica, está respuesta carece de sentido. Lo esencial es que el número de variantes posibles en el juego de Quaternity, es decir, el número Q, es más que el número de Planck multiplicado por un gúgol.[51] Esto significa que el número de posibles variantes está fuera del ámbito físico.

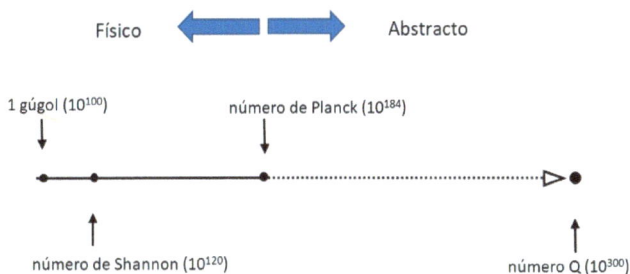

Relación entre el número de Shannon y el número Q

Pero la complejidad de quaternity no está relacionada solo con el número de posibles variantes del juego; el otro factor que contribuye es que hay cuatro jugadores enfrentados.

En quaternity, uno juega contra tres oponentes a la vez en el mismo tablero, de manera que entre ellos hay seis partidas simultáneas. Es decir, cada jugador debe seguir y responder a todos estos seis elementos del juego. La situación equivale al problema de n-cuerpos descrito anteriormente. En este

---

51 Un gúgol es el número 10^{100}. En notación decimal se escribe como el dígito 1 seguido de cien ceros. El término lo acuñó en 1920 el niño de nueve años Milton Sirotta, sobrino del matemático estadounidense Edward Kasner. A Milton puede haberle inspirado el personaje de la tira cómica contemporánea *Barney Google*.

contexto podemos considerar el ajedrez tradicional como una analogía del problema de dos cuerpos; es una interacción determinista entre dos jugadores. Por eso es posible que una computadora compita eficazmente con los humanos.

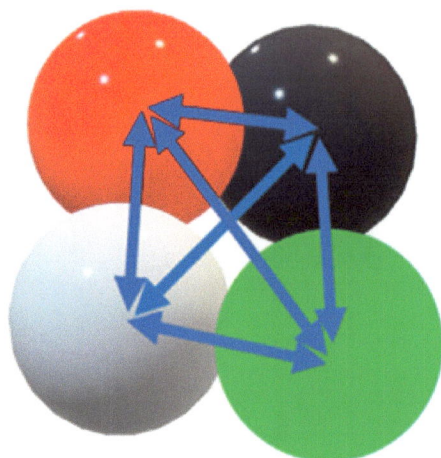

Quaternity como un problema de cuatro cuerpos

Por otro lado, quaternity puede considerarse un caso especial del sistema de cuatro cuerpos, es decir, cada jugador interactúa con los otros tres. Estas interacciones mutuas son como dimensiones extra que añaden complejidad al juego. Por tanto, el juego está fuera de las leyes de la probabilidad y el cálculo. Es imposible que un ordenador binario sea capaz de jugar una partida perfecta de quaternity. Quaternity proporciona un medio totalmente nuevo para ejercitar los modos de operación que posee la mente humana pero que permanecen en estado latente. Podemos referirnos a ellos como diversos grados de percepción.

Jugar a quaternity es como estar en un cuento de hadas. Pero uno no solo lo está leyendo, sino que está escribiendo su propio relato y viviéndolo mientras lo escribe. Y el propio cuento tiene una estructura única, con un cierto grado de flexibilidad dentro de unos límites. Al experimentar estos cuentos elaborados por uno mismo, se puede empezar a percibir la secuencia de eventos desde una perspectiva completamente nueva. Estar expuesto a estas experiencias activa el hemisferio derecho y, a la vez, atenúa el izquierdo. Es decir, estimula al cerebro a cambiar de un solo modo a una operación simultánea de modos secuenciales y holísticos.

Para descubrir una mayor riqueza del juego, podemos considerar el tablero como cierta variante de los patrones de Chladni. El tablero es como una placa dentro de un campo que induce ondas las cuales pueden propagarse por patrones específicos.

Ondas estacionarias de las cuatro damas y el caballo verde

Los patrones vienen determinados por la geometría del tablero y las «frecuencias naturales» de sus vibraciones. En esta representación cada pieza puede considerarse un nodo de una onda estacionaria que se propaga por casillas concretas del tablero. O, expresado en el contexto de la mecánica cuántica, cada pieza en el tablero actúa como una onda de partícula: ambos extremos de su onda estacionaria están fijados a una pieza o un borde del tablero.

La imagen anterior ilustra un ejemplo de tales ondas estacionarias para las cuatro damas y el caballo verde (G4).

Las líneas señalan las casillas por las que pueden viajar las damas y las casillas a las que se puede mover el caballo. Se pueden reconocer las trayectorias del caballo porque no son ni paralelas ni perpendiculares a las diagonales del tablero y, además, su longitud es siempre la misma.

Si se trata a todas las piezas del tablero como nodos de esas ondas, se podría obtener una disposición muy compleja de tipo Chladni para una multiplicidad de ondas estacionarias. Para darnos cuenta de la relevancia de semejante representación, miremos los patrones sin el tablero de fondo. Por ejemplo, el siguiente diagrama muestra la representación gráfica de las cuatro damas y el caballo verde.

Puede parecer que la representación gráfica sin el tablero y las piezas carece de sentido, pero se puede reconocer qué piezas están representadas por esas figuras y dónde están ubicadas en el tablero. Esta ilustración contiene un registro preciso de un momento determinado de la partida. Por tanto, se pueden usar esos patrones para representar y analizar la partida. Como en el caso de los patrones de Chladni, estos gráficos pueden considerarse también... una especie de notas musicales, aunque los sonidos que representan pertenecen a la «música que no se puede oír», es decir, no es música corriente.

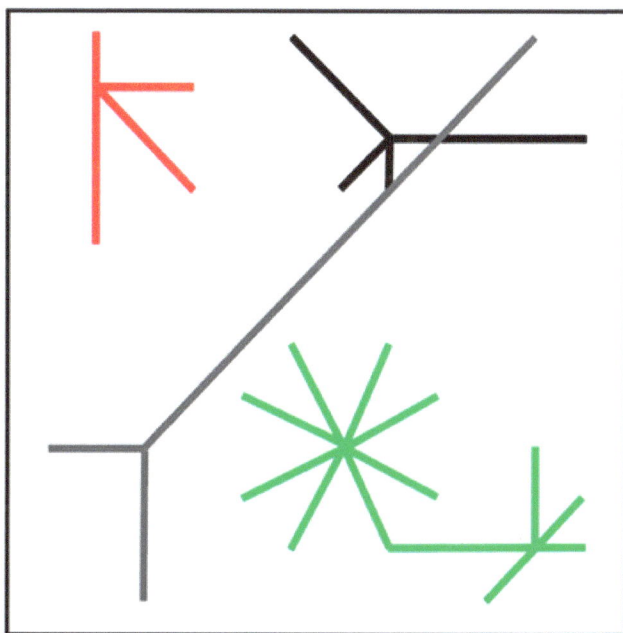

Patrones Q de las cuatro damas y el caballo verde

En esta presentación el tablero está situado en el campo quaternity que se extiende por todo el tablero. Es invisible en el tablero, pero su presencia y características se pueden inferir del «comportamiento» de las piezas. En consecuencia, cada pieza del tablero es como una onda del campo quaternity subyacente. Es en este contexto en el que los patrones Q pueden ayudar a desentrañar algunos matices de la mecánica cuántica.

***

El objetivo de la partida es dar jaque mate a los reyes de los oponentes. Los mates son los elementos cruciales de quaternity. Dado que hay tres oponentes, la partida atraviesa tres mates consecutivos.

Se pueden usar los patrones Q para ilustrar el diseño y ejecución de un mate. Las dos siguientes ilustraciones muestran la secuencia de movimientos que conducen a un jaque mate. Los jugadores mueven en el sentido de las agujas del reloj: empiezan blancas, seguidas de rojas, negras y, después verdes. La secuencia mostrada aquí empieza con rojas, que mueve su dama de la casilla D9 a la L1, dando así jaque al rey verde (H1):

Una secuencia de jaque mate
(la dama roja da jaque al rey verde)

El rey verde está en jaque, pero no es mate. Tiene varias opciones para salir del jaque. Por ejemplo, puede bloquearlo temporalmente ya sea con la torre verde (a J1) o con el alfil verde (a K1). Otra opción es encontrar una casilla segura dentro de las llamadas casillas reales, las que rodean al rey. En esta situación hay cinco casillas reales: G1, G2, H2, I2 y I1. Pero G1 y I1 están siendo atacadas por la dama roja. El rey verde no puede mover a la casilla H2 porque está controlada por el peón blanco, de manera que solo hay una casilla segura: I2. Debido a estas opciones el rey verde no se encuentra en jaque mate todavía, pero, antes de que el jugador verde pueda mover su rey y escapar del jaque, debe esperar a que mueva el jugador negro.

El jugador negro también puede dar jaque al rey verde moviendo su alfil de H7 a K4 (ver siguiente diagrama).

Una secuencia de jaque mate:
el alfil negro completa el mate al rey verde

Ahora el rey está en doble jaque por la dama roja y el alfil negro. No puede bloquear ambos jaques sinultáneamente ni puede escapar a la casilla I2 porque esta casilla está siendo atacada ahora por el alfil negro. De este modo se ha dado jaque mate al rey verde.

Como podemos ver, han hecho falta las piezas de tres jugadores para completar el mate: el peón blanco, la dama roja y el alfil negro. Pero los puntos del jaque mate son del jugador negro, porque su alfil completó el mate. De acuerdo con las reglas del juego, el resto de las piezas verdes se transforman: el rey verde se retira y todas las demás piezas verdes cambian de color volviéndose negras, el color de la pieza que dio jaque mate:

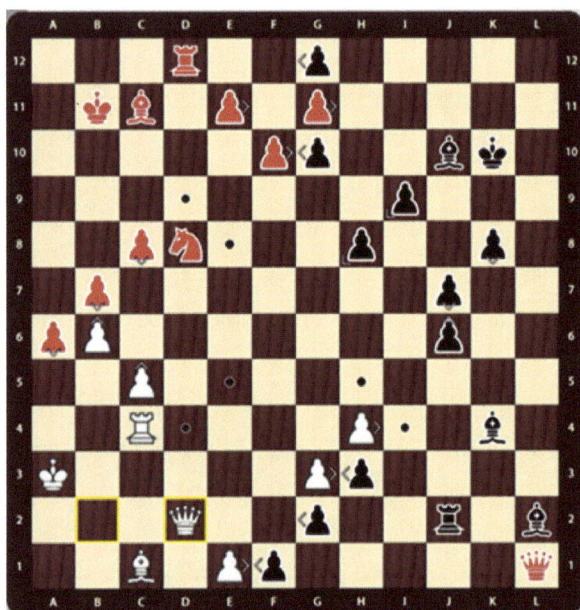

Transformación de las piezas verdes después del jaque mate

Es interesante citar aquí a Richard Feynman, gran físico estadounidense que recibió el Premio Nobel en 1965 por el desarrollo de la electrodinámica cuántica. Feynman comparó la naturaleza y su forma de operar con una especie de partida de ajedrez jugada por Dios. Y lo que los físicos intentan hacer, según esta analogía, es averiguar las reglas del juego. No saben cuál es, pero pueden observar el movimiento de las cosas, igual que observan el movimiento de las piezas en un tablero. Feynman se refirió a la posibilidad de la siguiente revolución en física que tendría lugar cuando, un día, se descubriera una nueva regla del juego. Como ejemplo, sugirió una: que el alfil cambiara de color. Curiosamente, esa regla forma parte de quaternity. Como se muestra en el diagrama anterior, cuando a un jugador le dan jaque mate, todas sus piezas (no solo el alfil) cambian de color. Según la predicción de Feynman, esa nueva regla señalaría la próxima revolución de la física.

Así pues, ¿cuál es la característica crucial oculta tras el cambio de color del alfil que señalaría una revolución en la física? ¿Qué tipo de propiedad de la materia implica?

En términos de quaternity, el cambio de color del alfil es el resultado de un jaque mate. ¿Es, entonces, posible encontrar un efecto cuántico análogo al mate?

***

En las mediciones cuánticas el experimentador debe considerar todas las posibles opciones de capturar o «medir» una partícula. Una vez capturado, un electrón o fotón se transforma, desde su forma de onda, en una partícula. En consecuencia, la partícula deja de ser una onda. Técnicamente, dicha captura se llama colapso de la función de onda, porque es en ese momento cuando la naturaleza probabilística de la onda se convierte en una forma de tipo partícula: una onda de probabilidad se transforma en un hecho. El colapso es uno de los misteriosos aspectos del problema de la medición cuántica.

Ilustremos la secuencia que conduce al anterior jaque mate usando el diagrama Q. Más abajo se presenta el trazado general del esquema del mate. El punto verde indica la posición del rey verde. Las flechas (roja, gris y negra) y el cuadrado verde indican las cinco casillas reales que rodean al rey verde.

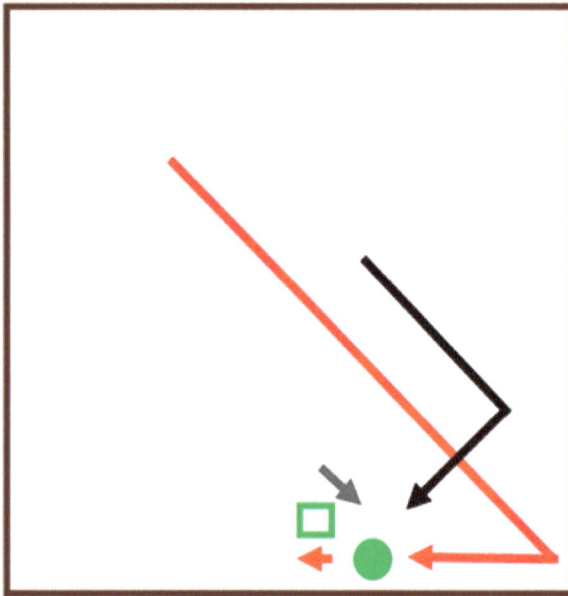

Patrón Q del jaque mate

De acuerdo con el diagrama Q, las líneas roja, gris y negra son oscilaciones de tipo onda que se propagan por sus caminos permitidos. En esta representación, el resultado del mate es que el rey verde ha quedado confinado de tal manera que ya no puede «oscilar»; deja de existir como «onda». Cuando se le da un jaque mate, la función de onda del rey se colapsa y el estado del rey se transforma. Podríamos decir que se ha «medido» al rey; ha dejado de existir como onda. Esto indica que lo que convierte una función de onda en partícula no es un acto de observación pasiva. En su lugar, es un acto de «dar jaque mate» o confinar a una partícula de tal modo que ya no pueda oscilar. Es decir, el misterio de la medición cuántica es equivalente ¡a «dar jaque mate» a una partícula!

Pero este solo es uno de los paralelismos entre quaternity y la mecánica cuántica.

Como hemos visto, cuando hay un jaque mate un conjunto de piezas experimenta una dramática transformación. El rey a quien se le ha dado el mate desaparece y sus piezas cambian de color. Esto significa que solo quedan en el tablero tres conjuntos de piezas después del primer mate. Este tipo de transformación continúa con cada uno de los dos siguientes mates. Aquí se ilustra un ejemplo de situación después del segundo jaque mate:

Segunda transformación:
(después del segundo mate solo quedan dos colores)

Después del segundo jaque mate, la partida conduce al tercero, el mate final. La siguiente figura muestra la disposición de las piezas al final del juego:

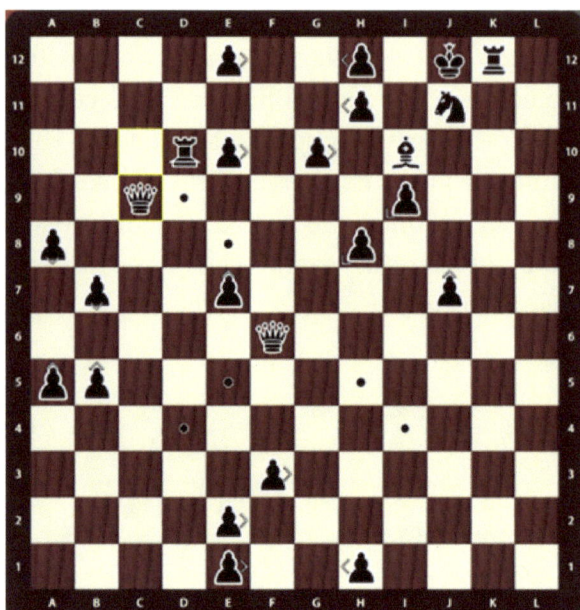

Posición final después del tercer jaque mate

El estado final del tablero es como una unión en la que todas las piezas que quedan se vuelven del mismo color. Ahora todas son negras, aunque algunas eran originalmente blancas, rojas y verdes. Se han transformado en una especie nueva. O podríamos decir que todas las piezas se han transmutado en una forma superior, en la que han obtenido libertad, porque ahora tienen acceso a todo el tablero, es decir, a las casillas que estaban fuera de su alcance al principio de la partida. Mediante su transformación, han logrado una percepción ampliada de su entorno.

Y ¿cómo se relaciona esto con «el alfil que cambia de color»? ¿Cómo puede el cambio de colores señalar «da siguiente revolución en la física»?

Al cambiar de color las piezas demuestran su estructura «compleja», la estructura de la materia descrita en los capítulos anteriores de este libro. Las piezas de quaternity son «complejas» porque aparecen en dos colores: «real» e «imaginario». Sus colores iniciales son los «reales», corresponden a los de sus estados iniciales ordinarios. Pero cuando cambian de color manifiestan sus partes «imaginarias».

El cambio de color de las piezas representa la estructura «compleja» de la materia física que, como hemos mostrado previamente, es también «compleja»: se compone de partes «reales» e «imaginarias». El descubrimiento de esta característica de la materia es lo que conducirá a la revolución en la física.

¡Es extraordinario que Feynman fuera capaz de predecir que el descubrimiento de la naturaleza «compleja» de la materia revolucionaría a la física!

***

El tablero de quaternity determina el entorno de las piezas. Desde la perspectiva de las piezas no hay nada fuera del tablero; su «vida» está confinada en él, el tablero es su universo. Para un observador de la partida que desconoce la presencia de jugadores, puede parecer que las piezas son conscientes de dónde pueden ir y dónde no, que cada pieza tiene una capacidad de movimiento única. Lo importante es darse cuenta de que un ... campo invisible dirige toda la acción del tablero. Este campo controla e influencia toda la dinámica del juego. No hay comunicación directa entre las piezas, sino que están conectadas o «entrelazadas» mediante este campo invisible. Están vinculadas del mismo modo que los granos de arena a través del campo acústico en el experimento de Chladni. De igual manera que los electrones se comportan dentro de la estructura del átomo, las moléculas de ADN actúan dentro de los sistemas biológicos y esas inmensas galaxias rotan dentro de sus agrupaciones. Y esta es la observación crucial en la comparación entre quaternity y la mecánica cuántica. Puede ayudarnos a entender mejor la naturaleza del entrelazamiento cuántico: que es una forma de manifestación de una plantilla en la que las piezas o partículas están vinculadas. En otras palabras, el entrelazamiento es la manifestación de una plantilla «de orden superior» que controla las piezas. Esa plantilla es la que proporciona a las piezas su aparente consciencia de sí mismas y de su entorno. El diseño de la plantilla gobierna todas las acciones. El siguiente cuento lo ilustra:

A un hojalatero encarcelado injustamente se le permitió recibir una alfombra tejida por su mujer.

Unos días más tarde, el hombre le dijo al guardia de la prisión:

—Yo soy pobre y a vosotros os pagan poco. Pero soy hojalatero. Tráeme hojalata y herramientas y yo haré pequeños artefactos que puedes vender en el mercado y así ambos sacaremos provecho.

El guardia accedió y los dos obtenían beneficios.

Pero un día, cuando el guarda fue a la celda, vio que la puerta estaba abierta y el hojalatero ya no estaba.

Muchos años más tarde, cuando se hubo establecido la inocencia del hojalatero, el hombre que le había encarcelado le preguntó cómo había conseguido escapar; qué magia había usado.

El hojalatero explicó:

—Es una cuestión de diseño y diseño dentro de un diseño. Mi mujer es tejedora. Encontró al hombre que había hecho las cerraduras de la puerta y obtuvo de él una plantilla del diseño, que tejió en la alfombra. Después de estudiar la alfombra, reconocí el diseño. Luego urdí el plan de los artefactos con el fin de obtener los materiales necesarios para hacer la llave; y así es como escapé.[52]

Como señala la historia, cuando uno se familiariza con el diseño, puede «abrir la puerta», cambiar el color de un alfil o resolver los problemas de la física moderna.

***

Como hemos indicado, los patrones de Chladni solo representan parcialmente el campo acústico. Son una muestra bidimensional de un campo tridimensional, por lo cual lo que podemos ver en los patrones de Chladni es un pequeño fragmento de una estructura mucho más sofisticada.

De manera similar, podemos considerar que el tablero de quaternity es una muestra bidimensional de una plantilla multidimensional que contiene una representación más completa del juego. La plantilla de quaternity no se puede calcular usando elaborados métodos numéricos. En su lugar, la proyección de quaternity está determinada por la capacidad de percepción de los jugadores. Es importante darse cuenta de que los cuatro jugadores tienen el mismo objetivo general: transformar todas las piezas en un conjunto de un solo color; esta es su meta. Aunque cada jugador pueda tener un enfoque diferente y aplicar distintas estrategias, el resultado es siempre el mismo: acabar con un conjunto unido de piezas entrelazadas. Desde esta perspectiva, no importa qué jugador gane, el objetivo se cumple.

En este punto es interesante citar a Victor Korchnoi, un Gran Maestro de ajedrez. Resumió con precisión la limitación binaria del ajedrez tradicional:

---

52 Adaptado del cuento titulado *El diseño* de *Thinkers of the East* de Idries Shah, The Octagon Press, Londres, 1986, pág. 176.

El elemento humano, los fallos humanos y la nobleza humana, esas son las razones de que se ganen o pierdan las partidas de ajedrez.

Cuando la atención del jugador está dirigida solo por el deseo de ganar, limita la experiencia a esos dos resultados mencionados por Korchnoi. Si la mente funciona con ese modo binario, se limita a «ganar» o «perder». Aquí podemos ver la misma tendencia que se ha descrito en los casos en los que las personas intentan adivinar una carta o el valor de unos dados: cometen tal cantidad de errores que es estadísticamente imposible que se equivoquen tantas veces. Esto puede explicarse por el mecanismo según el cual el deseo de «ganar» interfiere con la capacidad más sutil de percibir la totalidad del juego. En este contexto «la nobleza humana» a la que se refiere Korchnoi es aplicable solo al modo de funcionamiento mental ordinario, más burdo. Hay otra forma de nobleza al alcance de la mente humana, pero para experimentarla es necesario que estén involucradas otras capas de percepción.

Quaternity permite ejercitar este otro modo de funcionamiento mental, que podemos denominar perceptividad. No obstante, en contra de lo que suele suponerse, la perceptividad no significa encomendar el papel dominante al hemisferio derecho. Más bien significa acoplar ambos modos del cerebro en una cooperación armónica, la cual conduce a la activación de modos más elevados de la mente. Esto significa que mirar al tablero solo desde la propia perspectiva, desde el propio punto de vista, no resulta ser suficientemente eficaz. Hay que dirigir la mente para que opere en otro nivel, un nivel en el cual puede ver desde «arriba» el panorama general, que incluye las perspectivas de todos los demás jugadores. Lo cual significa la capacidad de «ver» la matriz global que abarca las cuatro perspectivas, o los seis elementos de la partida, a la vez. Los principiantes intentan imitar este enfoque examinando y yendo de uno a otro de los seis elementos continuamente y luego aplicando la información adquirida a su propia situación. Pero ese continuo vaivén y examen no es suficientemente eficaz. Hay otra forma mucho más eficiente, aunque hace falta un esfuerzo extra para desarrollar ese modo de funcionamiento mental. Quaternity ofrece los medios de ejercitar esa capacidad. Por supuesto, requiere adquirir habilidades especiales o desarrollar una perceptividad no tan corriente. Esto se ilustra esquemáticamente en la siguiente figura, donde el círculo azul representa la plantilla principal de quaternity.

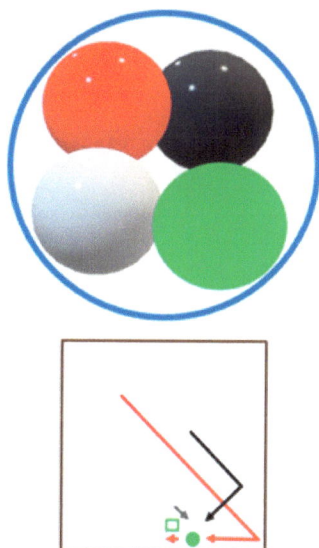

Plantilla general de quaternity

Ahora resulta más fácil entender que quaternity introduce algunos elementos de lo que, en este libro, hemos llamado ciencia perceptiva, es decir, reconocer interconexiones íntimas que solo se pueden percibir con referencia al todo. En este caso, el «todo» es el círculo «azul» que abarca la mente de los cuatro jugadores.

En este contexto se puede considerar que quaternity es un juego que permite ejercitar las habilidades necesarias para abordar situaciones como la de los físicos actuales que están intentando resolver el misterio de la «nada» y la materia oscura. Hace falta un enfoque completamente nuevo al que, simbólicamente, podríamos referirnos como «ver» en contraposición a «saber». Un episodio de un encuentro entre un filósofo y un místico lo ilustra:[53]

> Ibn Sina (Avicena), el gran filósofo, se encontró con Abu Said. Cuando les pidieron que comentaran el encuentro, el filósofo dijo de Abu Said:
> —Lo que yo sé, él lo ve.
> Abu Said dijo del filósofo:
> —Lo que yo veo, él lo sabe.

Mientras que el filósofo se refiere a «saber» como un enfoque determinista, el místico se refiere a «ver» como el enfoque perceptivo. La cuestión principal de la conversación anterior es que estos dos modos de comprensión, ver y saber, no son idénticos. El místico ve lo que el filósofo sabe, pero eso no quiere decir que el filósofo sepa todo lo que el místico puede ver.

La relación entre el ajedrez tradicional y quaternity es similar: el ajedrez es como «saber» pero quaternity es como «ver». Como demuestra la capacidad de los ordenadores de ganar a los mejores jugadores humanos, el ajedrez tradicional está confinado al modo de pensamiento determinista o binario. Por otra parte, quaternity proporciona una oportunidad de «ver» las opciones disponibles y responder más eficazmente. Este tipo de «visión» es parcialmente equivalente a lo que describía Mozart cuando percibía música.

---

53 *A Perfumed Scorpion*, Idries Shah, The Octagon Press, Londres, 1978, pág. 69.

Los grandes artistas y científicos han experimentado una forma similar de «ver». Un ejemplo de representación artística de ese «ver» es el cuadro El entierro de santa Lucía, realizado por el pintor italiano Amerighi da Caravaggio.

El entierro de santa Lucía, de Caravaggio
(fotografía de Dominique Hugon)

El lienzo está expuesto en la basílica Santa Lucía al Sepolcro, en Siracusa, Sicilia. Pintado en 1608, muestra una escena del entierro de santa Lucía. Transcurre en una oscura cripta. Al frente hay dos musculosos sepultureros. Los dolientes son mucho más pequeños, parecen estar a una cierta distancia. El cavernoso espacio de la cripta empequeñece a todos los presentes. La sobrecogedora y lúgubre cripta es donde está el elemento crucial del cuadro. Si nos fijamos en la parte superior del lienzo podemos ver que dos tercios del espacio los ocupa la cara de una mujer. El rostro está grabado en las paredes de la cripta y abarca toda la escena.

Para entender el sentido de esta escena podemos compararla con la ilustración de la plantilla de quaternity. Igual que el círculo azul que contiene la plantilla del campo quaternity, el rostro de la mujer abarca todo lo que ocurre en la cripta.

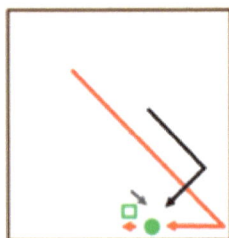

Dos plantillas

Otro ejemplo de «ver» lo experimentó Henri Poincaré, un matemático, físico teórico, ingeniero y filósofo de la ciencia francés. Como matemático y físico, hizo contribuciones fundamentales a la investigación del problema de tres cuerpos.

Este ejemplo está extraído de uno de sus mayores descubrimientos, el primero que le consagró a la gloria: el teorema fuchsiano. (Puede ser de ayuda citar la propia precaución de Poincaré: «Este teorema tendrá un nombre atroz, desconocido para muchos, pero eso no tiene importancia»).

Justo en esa época me marché de Caen, donde vivía, para participar en una excursión geológica bajo los auspicios de la Escuela de Minas. Los incidentes del viaje hicieron que me olvidara de mi trabajo matemático. Al llegar a Coutances, nos subimos a un ómnibus para ir a algún sitio. En cuanto puse el pie sobre el escalón me llegó la idea –sin que nada en mis pensamientos previos pareciera haberle allanado el camino– de que las transformaciones que había usado para definir las funciones fuchsianas eran idénticas a las de la geometría no euclidiana. No verifiqué la idea; no habría tenido tiempo pues, en cuanto me senté, continué una conversación ya empezada, pero sentía una certeza perfecta. Cuando regresé a Caen, por ser concienzudo, verifiqué el resultado a mis anchas.[54]

Lo extraordinario de este episodio y, a la vez, relevante para nuestro tema, es que esta idea increíblemente sofisticada le llegó a Poincaré como un destello. Roger Penrose comentó sobre ese incidente como sigue:

Debe quedar claro que la propia idea no era nada fácil de explicar con palabras. Me imagino

54 *An Essay on the Psychology of Invention in the Mathematical Field*, Jacque Hadamard, Princeton University Press, 1945.

que para exponerla debidamente habría necesitado dar un seminario de una hora a expertos. Evidentemente, pudo entrar en la consciencia de Poincaré plenamente formada solo gracias a las muchas horas previas de actividad consciente que le familiarizaron con distintos aspectos del problema en cuestión. Pero, en cierto sentido, ¡la idea que tuvo Poincaré al subirse a un autobús era una «sola» idea capaz de ser totalmente comprendida en un instante! Más extraordinaria aún era la convicción de Poincaré acerca de la verdad de la idea, de forma que su subsiguiente verificación parecía casi superflua.[55]

Volvamos, pues, a quaternity. En lugar de ir cambiando de una situación concreta de la partida a una general, un jugador podría «ver» la partida desde una perspectiva mucho más integral. Lo que no significa que ese jugador siempre sería capaz de ganar. Por supuesto, cada jugador debería hacer todo lo posible por vencer, contribuyendo de este modo a la riqueza del juego. Sin embargo, lo importante aquí es ... la experiencia, igual que en el caso de «concebir» una imagen, o «escuchar» música comprimida, o «ver» una solución matemática. Que ese «concebir», «escuchar» o «ver» conduzca a la victoria, la fama o la fortuna, es irrelevante. Lo importante es la experiencia de esos momentos extraordinarios. En quaternity aparecen con frecuencia. Puede ser un movimiento propio o de otro jugador que, en un principio, puede parecer irrelevante pero, unas rondas después, resulta crucial para el resultado general de la partida. Desde esta perspectiva no importa realmente quién gana. A cambio, está la oportunidad de practicar una forma

55 *The Emperor's New Mind*, Roger Penrose, Oxford University Press, Nueva York, 1989, pág. 419

mucho más avanzada de «ver». De modo que lo que importa es ser capaz de «oír» la partida, «sentir» cómo se desarrolla y «ver» qué oportunidades se le van presentando a cada jugador. Y esa es la mayor recompensa: ser capaz de percibir la partida en su totalidad. Es una manera de experimentar cierta clase de «belleza». Se trata de una experiencia del mismo tipo que la de los trovadores cuando «suspiraban por el amor de una dama», o la «belleza» de la mujer en el lienzo de Caravaggio, o aquello que se ha llamado «música o armonía celestial». Por ejemplo, Shakespeare delegó en Lorenzo, de *El mercader de Venecia*, para que describiera esa capacidad:

> Hasta el menor orbe que contemplas
> canta en su movimiento como un ángel
> a los querubines de ojos jóvenes.
> Tal armonía se halla en las almas inmortales,
> pero mientras esta fangosa vestidura
>   de descomposición
> la encierra burdamente, no podemos oírla».
>
> (*El mercader de Venecia*, V.1)

Ahora resulta más fácil ver que quaternity es una herramienta que puede ayudar a afrontar «esta fangosa vestidura de descomposición» que nos impide «ver», «oír», «tocar», «saborear» o «sentir» esa clase de belleza.

Para nuestra deliberación, lo importante es darse cuenta de la existencia de una estructura de nivel superior dentro de la cual están insertadas estas diversas formas de belleza. Como se ve en el juego de quaternity, es una estructura de múltiples capas. Lo que está al alcance de los sentidos ordinarios y del raciocinio se limita al nivel inferior. Para comprender el comportamiento de las cosas, es necesario percibir su plantilla principal.

Y esto nos lleva a la siguiente conclusión: para resolver el *impasse* actual en la ciencia, habrá que expandir el marco global. Tal expansión requerirá las plantillas desde las cuales se proyectan al espaciotiempo los patrones «complejos». Lo que significa que la conocida cosmovisión determinista se verá incrementada por un conjunto de fuerzas y partículas «complejas» totalmente nuevas.

La ciencia de la consciencia

El universo es un gradiente de consciencia en el
que la Tierra ocupa un nivel inferior. Su materia
prima más elevada es la humanidad.

Ernest Scott

Ahora podemos reconstruir la estructura del universo.
Hemos considerado tres regiones principales del universo,
representando cada una con un pentáculo: la materia, la Tierra
y la mente humana.

Los tres pentáculos juntos ilustran la estructura completa.
En el siguiente diagrama, el pentáculo inferior representa la
materia, el segundo (en el centro) representa la Tierra, y el de
más arriba, la mente humana.

Añadamos algunos detalles que nos ayuden a comprender el concepto general. El pentáculo inferior representa las
diversas capas de materia física, empezando por las partículas
elementales. El contorno azul alrededor de la estrella exterior
indica el límite entre la «nada» y las partículas cuánticas.

La estructura de la Tierra se muestra como el pentáculo
del centro y sus diversas capas corresponden a la litosfera, la
hidrosfera y la atmósfera, la biosfera, la fauna y la humanidad.

El pentáculo superior es una figura de la mente humana.
La estrella mayor de este pentáculo corresponde a los sentidos
físicos, que constituyen el límite superior del mundo físico. El

contorno verde marca una zona intermedia: la frontera entre los sentidos físicos y las facultades sutiles. Esta zona vela el acceso de la mente humana ordinaria a la percepción sutil, con la que se perciben los mundos invisibles. El mundo físico se encuentra entre los contornos azul y verde.

Estructura del universo: la materia (abajo); la Tierra (centro); la mente humana (arriba); el contorno azul representa la frontera enre el mundo cuántico y la «nada»; el contorno verde señala la frontera entre los sentidos físicos y las facultades sutiles.

Lo importante es que cada capa dentro del mundo físico tiene una plantilla situada en el mundo invisible. Esto se muestra en la siguiente ilustración.

Las plantillas

zona intermedia

humanidad ←

fauna ←

flora ←

la Tierra ←

planetas ←

cristales ←

galaxias ←

moléculas ←

átomos ←

partículas elementales ←

El gradiente de consciencia
(las flechas horizontales indican vínculos con las
correspondientes plantillas del mundo invisible)

En esta ilustración, la flecha vertical indica un gradiente de complejidad a lo largo del cual se modelan las diversas formas de materia. Las flechas horizontales muestran los vínculos entre los objetos físicos y los sistemas biológicos, y sus correspondientes plantillas. Podemos ver ahora que las plantillas hacen el papel que la mecánica cuántica asignó al «experimentador». Son las plantillas situadas fuera de las dimensiones físicas las que imponen las formas de los objetos físicos y los sistemas biológicos.

El gráfico ayuda a reconstruir las diversas etapas evolutivas de estas diferentes formas de materia y su aparición gradual en el espaciotiempo. Es imposible construir una teoría de la materia sin estas plantillas. Tampoco es posible describir el proceso evolutivo satisfactoriamente si no están incluidas, porque las plantillas son las principales impulsoras de toda la evolución.

El modelo de universo aquí descrito proporciona un marco en el que es posible reunir el núcleo duro de la física con la consciencia; es más, es el marco que se necesita para definirla; el que faltaba en las diversas descripciones citadas al principio del libro.

La característica principal de la estructura es que cada elemento tiene un cierto grado de percatación. Toda partícula, objeto o sistema biológico tiene un aparato sensor que define su grado de percepción. En segundo lugar, si ascendemos por el gradiente, estos diversos objetos y sistemas van adquiriendo un conjunto cada vez más sofisticado de sensores, sentidos y facultades. Lo que determina la percepción es la calidad y sofisticación del aparato sensor. La expansión perceptiva se traduce en un entorno más extenso que puede percatarse del objeto o sistema y al que puede responder. En tercer lugar, el límite del entorno que puede captar cada objeto o sistema viene determinado por la correspondiente plantilla en el mundo invisible.

Ahora estamos en posición de definir lo que es la consciencia: la percepción del entorno mediante un conjunto de sentidos o facultades que tiene un objeto o sistema. A medida que subimos por el espectro de la materia, el grado de consciencia se va sofisticando. Lo que significa que la consciencia es relativa; depende de la posición del objeto en dicho espectro.

Por ejemplo, los electrones son conscientes de la estructura del átomo del cual forman parte. Las moléculas son conscientes de la simetría general del cristal. Las moléculas de ADN son conscientes de la forma física de los sistemas que construyen. Y lo mismo es aplicable a los planetas en sus sistemas y a las galaxias en sus agrupaciones.

Al llegar al nivel de la flora y la fauna, estas disponen de un aparato sensor mucho más avanzado. Por ejemplo, las plantas pueden percibir minerales, agua, calor, temperatura, luz, etcétera. Los animales están equipados con facultades adicionales que les permiten expandir su percepción del entorno. Además de los cinco sentidos físicos, los humanos tienen varias facultades, como la memoria, la imaginación, la fantasía, los talentos y el ego, los cuales enriquecen su percepción del entorno, incluido el hábitat físico, así como una gama de sentimientos, sensaciones, imágenes mentales y estados psicológicos.

Sin embargo, cada sistema solo percibe su entorno inmediato. Los entornos que se hallan en uno o más escalones superiores de la estructura general de la materia están fuera de su alcance. Por ejemplo, los electrones no perciben la simetría del cristal, ni los átomos la estructura de los sistemas biológicos. Los humanos ordinarios tampoco perciben los mundos invisibles.

El punto crucial es que las plantillas son la fuente fundamental de consciencia, y determinan qué sentidos y facultades están disponibles para un objeto o sistema. En este contexto, las plantillas son las mentes:

> De agua y sal y de minerales y elementos,
> todos mezclados, y lo que los mantiene juntos
> es eso que tú llamas tu mente.[56]

Las compañeras imaginarias de las partículas de tipo quark facilitan la proyección de las plantillas. Estas partes imaginarias

56 *The Mines of Light*, Arif Shah (ver nota 46).

permean todo objeto físico o sistema biológico. Cada objeto, sistema o cuerpo humano contiene incontables cantidades de estas partes imaginarias, que forman algo que podría llamarse el «alma» de esos sistemas. Son estas «almas» las que proporcionan el acceso a la consciencia. En el caso de los humanos, la consciencia se transmite a través de cada una de las células del cuerpo humano. Este es el mayor secreto de la naturaleza: que es «compleja»; cada mota de materia contiene un alma. Gharib Nawaz[57] lo expresa adecuadamente en la siguiente cita:

> Cada partícula de polvo es una copa
> en la que se puede ver todo el mundo.

Ahora podemos comprender la dificultad de los físicos para construir la «teoría de todo». Se supone que esa teoría describirá las relaciones entre todos los objetos físicos, sin partículas complejas, es decir, un modelo en el que las «almas» no tienen cabida. Semejante teoría es ... una tarea imposible.

Hay otra característica esencial de la estructura general que debe recalcarse y tenerse en cuenta: todas las plantillas se proyectan al mundo físico en su forma completa, desde las minúsculas partículas elementales hasta las galaxias, la flora y la fauna. No obstante, cuando se proyectan al espaciotiempo, en el proceso se tuercen ligeramente. Hay un pequeño margen de «difuminación» de las plantillas originales. Por tanto, esta difuminación lleva a la diversidad dentro de los grupos de una misma especie. La siguiente historia lo ilustra:

> Un hombre estaba enfermo y, aunque no era temporada de manzanas, ansiaba una.
> Hallaj, el sabio, produjo una de repente.

---

57 Gharib Nawaz (Benefactor de los pobres) es el sobrenombre por el que se conocía a Moinuddin Chishti, un místico indio (1141-1230).

Alguien dijo:

—Esta manzana tiene un gusano. ¿Cómo podría infectarse así una fruta de origen celestial?

Hallaj explicó:

—Precisamente debido a su origen celestial,
esta manzana está afectada. No lo estaba originalmente, pero al entrar en esta morada de imper-
fección, naturalmente compartió la enfermedad
característica de aquí.[58]

El universo es como una enorme máquina en funcionamiento. Todos los objetos y sistemas están entrelazados
mediante las plantillas del mundo invisible. Todas las plantillas forman lo que podría llamarse la Mente Entrelazada del
universo. O, como percibió intuitivamente Max Planck, «esta
mente es la matriz de toda la materia».

La Mente Entrelazada controla esta máquina. Dentro de
ella, las plantillas están conectadas y, juntas, forman una sola
entidad. Por tanto, si es necesario, se pueden realizar algunos cambios. Por ejemplo, la reorganización de gigantescos
clústeres galácticos, a muchos años luz de la Tierra, pueden
indirectamente inducir erupciones volcánicas, las cuales, a su
vez, pueden llevar a cabo cambios necesarios en la biosfera.

En resumen, la consciencia es quien dirige todo el mecanismo del universo. Incluir la consciencia en el modelo de
materia permite resolver los presentes retos de la física moderna que hemos perfilado en este libro. Será necesario dar una
especie de salto cuántico conceptual para aceptar el modelo
«complejo» del universo, con el fin de que el estado actual de
la ciencia progrese.

---

58 «La manzana celestial» de *The Way of the Sufi* by I. Shah, Octagon
Press (Londres, 1968).

Resultará interesante ver cuándo y de qué manera «descubrirán» los físicos el complejo modelo del universo. Cuando empecemos a ver noticias en los periódicos y las redes sociales anunciando que los científicos han descubierto una familia de partículas complejas, ese será el inicio de un nuevo capítulo de la física moderna. Será el principio de la revolución a que aludía Richard Feynman. Puede ocurrir mañana, el año que viene, o en la próxima década. Mientras tanto, más vale que nos acostumbremos a ver titulares del estilo: «el universo es un holograma», «vivimos en universos paralelos», «la respuesta es el multiverso», etcétera, etcétera. Estos titulares indican que los físicos todavía están encerrados en su mundo religiosamente determinista.

Hay otro aspecto del modelo del universo que debería mencionarse. No es aplicable directamente a los físicos del núcleo duro, pero ayuda a captar el concepto general. Este aspecto es relevante para la ciencia de la mente humana: hay una excepción a la completitud del universo mencionada antes. El universo funciona bien, pero apareció un sistema con una forma incompleta; sistema que es no-mecánico. Esta excepción es... la humanidad. Sí, así es. La plantilla utilizada para proyectar la humanidad al mundo físico no se había completado del todo. El resultado de esta proyección parcialmente incompleta es que el entorno que puede percibir la gente no es exactamente adecuado a su situación. A pesar de todos sus sentidos y facultades, las personas son incapaces de ser plenamente conscientes del entorno que está a su alcance y que les afecta. Les faltan unas facultades que les permitirían darse cuenta de su potencial y de la función que deben llevar a cabo. Anteriormente nos referimos a ellas como las facultades sutiles que permanecen latentes en los hombres y mujeres ordinarios. Ahora podemos describirlas como un «alma» sutil, necesaria para cruzar la zona intermedia entre lo visible y lo invisible.

Sin ella, las personas no pueden captar la plena extensión de su papel en la estructura global. En consecuencia, la gente se siente incompleta:

> La inaccesible dama de los trovadores simbolizaba una cualidad hacia la que el hombre podía sentirse atraído, pero que es esencialmente inaccesible para él en su estado ordinario.[59]

Usando la terminología citada en los capítulos anteriores, el «alma» sutil puede compararse a la «perla» perdida o al «hijo del espíritu»:

> El hombre que sabe debe entender
> que el hijo del espíritu nace en el propio corazón.

Aunque las facultades sutiles están latentes, en ocasiones se pueden «filtrar» algunas tenues señales de su presencia. Y son estos fugaces y esporádicos momentos los que hacen que las personas se sientan insatisfechas, confusas e infelices. ¿Por qué ocurre así?

Porque el potencial humano corresponde a mundos superiores. La humanidad pertenece al reino donde no hay tiempo o lugar. A diferencia de todos los otros sistemas, a los humanos se les ha concedido el potencial de subir por el gradiente de consciencia, hasta los mundos invisibles y más allá. La mente humana es capaz de alcanzar y penetrar los mundos invisibles. Pero esta capacidad no viene dada, no es automática; permanece latente. Para activar esa potencialidad se requiere una metodología sofisticada. Es en este sentido en el que se puede decir que la humanidad es «la materia prima más elevada» del universo.

---

59 *The People of the Secret*, Ernest Scott (ver nota 8).

***

Todo el universo se ha creado para permitir a los humanos que se exploren a sí mismos. El papel del ser humano es mantener el universo y desarrollar más los mundos invisibles. Su función es contribuir al desarrollo del Nuevo Cosmos. Por tanto, siempre debe haber algunos individuos capaces de existir simultáneamente en el mundo físico y en el reino sin tiempo ni lugar. Proporcionan y mantienen el vínculo entre los mundos visible e invisible; funcionan como «puntos de fijación» a las zonas más elevadas dentro de los mundos invisibles. De ese modo sostienen todo el universo. Independientemente de lo improbable, o incluso imposible, que suene esto, no cambia el hecho de que el universo dejaría de existir si nadie proporcionara un vínculo con el dominio invisible. Ese vínculo es la parte crucial de la Mente Entrelazada.

Índice

LIBROS DEL MISMO AUTOR

In English:

The New Cosmos, Troubadour Publications (2021)
A Journey through Cosmic Consciousness, Troubadour
    Publications (2019)
A Journey with Omar Khayaam, Troubadour Publications (2018)
Shakespeare's Elephant in Darkest England, Troubadour
    Publications (2016)
Shakespeare's Sequel to Rumi's Teaching, Troubadour Publications
    (2015)
Shakespeare's Sonnets or How heavy do I journey on the way,
    Troubadour Publications (2014)
Shakespeare for the Seeker, Volume 4, Troubadour Publications
    (2013)
Shakespeare for the Seeker, Volume 3, Troubadour Publications
    (2013)
Shakespeare for the Seeker, Volume 2, Troubadour Publications
    (2013)
Shakespeare for the Seeker, Volume 1, Troubadour Publications
    (2012)

En español:

El nuevo cosmos, Editorial Sufi (2021)

Un viaje por la consciencia cósmica, Troubadour Publications (2020)

Un viaje con Omar Khayaam, Editorial Sufi (2020)

Shakespeare para el buscador (Completo: 4 volúmenes – versión Kindle), Editorial Sufi (2020)

El elefante de Shakespeare: en la Inglaterra más oscura, Troubadour Publications (2017)

Rumi y Shakespeare, Editorial Sufi (2016)

Shakespeare y su maestro, Editorial Sufi (2015)

Shakespeare para el buscador - Volumen 4, Editorial Sufi (2013)

Shakespeare para el buscador - Volumen 3, Editorial Sufi (2011)

Shakespeare para el buscador - Volumen 2, Editorial Sufi (2011)

Shakespeare para el buscador - Volumen 1, Editorial Sufi (2011)

En français:

Voyage à travers la conscience cosmique, Troubadour Publications (2021)

www.ingramcontent.com/pod-product-compliance
Lightning Source LLC
Chambersburg PA
CBHW042146220326
41599CB00003BB/6